U0142376

ChatGPT
懶人包

輕鬆上手AI聊天機器人

數位新知 策劃　陳德來 著

五南圖書出版公司 印行

本書序

對我而言，這是一個極為特別的時刻。《ChatGPT懶人包：輕鬆上手AI聊天機器人》代表著我對人工智慧的熱愛和對AI聊天機器人應用的熱情。

長久以來，筆者對科技和創新一直抱持著濃厚的興趣。當我首次接觸到ChatGPT這樣的AI聊天機器人時，它的智慧和應用潛力深深吸引了我。然而，我也深知許多人在運用這些先進技術時可能遭遇困惑和挑戰。因此，我決定寫下這本書，希望能為讀者提供一個簡單易懂、深入且實用的指南，讓大家能輕鬆上手AI聊天機器人。

在本書中，您將開啟與ChatGPT的第一次邂逅。我們將深入解析ChatGPT正確的提問方式，以便您能夠從中獲得最佳的回應和體驗。我們將透過豐富的生活、學業和職場實例，示範ChatGPT在各個領域的應用價值。此外，我們還將探討ChatGPT相關的技術和應用，以及如何使用外掛功能、軟體和程式整合ChatGPT，提供更強大的功能和效能。對於對AI繪圖和視訊剪輯感興趣的讀者，本書也提供了ChatGPT在這方面的祕笈。最後，我們將探討ChatGPT帶來的衝擊和展望，並介紹微軟Bing AI聊天機器人以及GPT4。

特別感謝OpenAI團隊提供如此強大的AI技術，使ChatGPT成為可能。同時，我也要感謝所有讀者，因為你們的關注和支持讓我感到無比的榮幸和激勵。在撰寫本書的過程中，我深切體會到

知識的力量。AI聊天機器人是一個不斷發展和演進的技術領域，而本書只是其中一小部分的切入點。我鼓勵每位讀者在閱讀完本書後繼續保持好奇心，持續學習和探索更多有關AI和聊天機器人的知識。

最後，我希望這本書能成為你學習和應用ChatGPT的寶貴工具。無論你想在生活中解決問題、提升學業成績，還是在職場上提高工作效率，ChatGPT都能成為你的得力助手。讓我們一起輕鬆上手AI聊天機器人，開啟未來智慧交流的旅程！

目錄

## 第一章

與 ChatGPT 的第一次邂逅

在現代科技的快速發展下，人工智慧和聊天機器人已成為我們日常生活中不可或缺的一部分。而ChatGPT作為一款傑出的聊天機器人，已在人工智慧領域取得了重要的突破。它擅長於理解和生成自然語言，並能透過線上聊天的方式與人類進行互動。

本章將帶領讀者踏上與ChatGPT的初次邂逅之旅。我們將從介紹ChatGPT的定義和基本原理開始，深入探討其背後的歷史和發展過程。隨著對ChatGPT的理解加深，我們將引領讀者進行第一次與ChatGPT的互動，體驗其強大的語言處理能力。

除了介紹基本的ChatGPT功能，我們還將討論ChatGPT Plus帳號，這是一個付費服務，為用戶提供更多優勢和功能。我們將探索ChatGPT Plus的特點，包括更快速的回覆時間、優先訪問新功能的權利，以及額外的免費試用時間。

現在，讓我們開始這段與ChatGPT的奇妙冒險吧！

1-1 什麼是ChatGPT？

ChatGPT是一個強大的語言模型，建立在GPT-3.5架構之上。它具有理解和生成人類自然語言的能力。在這個部分，我們將深入探討ChatGPT的背景、工作原理、應用領域以及相關網站。

1-1-1 ChatGPT的背景

　　ChatGPT是由OpenAI所開發的大型語言模型，其基於人工智慧和機器學習技術，可以對人類自然語言進行理解和生成。其前身GPT-3.5是一個能夠自動完成文章和回答問題的語言模型，而ChatGPT的獨特之處在於其能夠進行人類般的對話。ChatGPT的開發旨在解決人與機器之間的溝通問題，並且在客戶服務、健康照護、教育等領域中發揮重要作用。OpenAI官網是了解ChatGPT的最佳入口。在這個網站上，您可以找到ChatGPT的技術細節、產品應用、研究報告以及相關新聞等資訊。同時，您還可以在這裡訪問OpenAI的API，探索ChatGPT的實際應用。

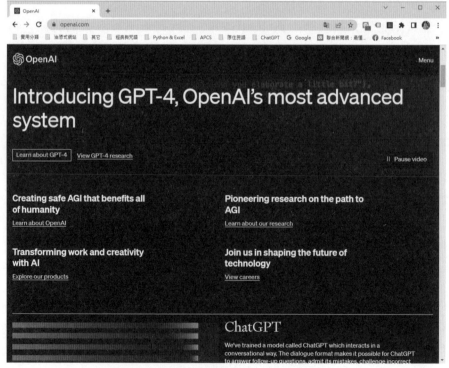

OpenAI官網：https://openai.com/

1-1-2 OpenAI與人工智慧的發展

　　OpenAI是一家領先的人工智慧研究實驗室和公司，它在人工智慧的發展方面扮演著重要的角色。以下是OpenAI與人工智慧發展之間的相互影響和貢獻：

● 技術創新：OpenAI在人工智慧領域推動了許多技術創新。他們開發了先進的深度學習模型，如GPT系列、DALL-E和CLIP等，這些模型在自然語言處理、圖像生成和視覺理解等領域取得了突破性進展。OpenAI的研究和技術創新推動了整個人工智慧領域的發展，激發了其他研究人員和開發者的靈感和創造力。

● 開源貢獻：OpenAI透過發布論文和開源代碼來促進知識共用和協作。他們提供了許多開源工具庫和教育資源，如OpenAI Gym和Transformer等。這些開源貢獻為人工智慧開發者和研究人員提供了寶貴的資源和工具，促進了人工智慧技術的普及和進步。

● 社會影響：OpenAI重視人工智慧的社會影響，並提出了一系列道德和治理原則。他們關注人工智慧的倫理問題、隱私保護、公平性和安全性等方面的挑戰。OpenAI的努力推動了人工智慧的負責任發展，鼓勵行業和社會共同討論和解決相關問題。

● 倡導和合作：OpenAI透過倡導人工智慧的發展和應用，與其他組織和機構合作。他們與大型科技公司、學術界和政府機構建立合作夥伴關係，共同推動人工智慧的研究和應用。OpenAI的倡導和合作促進了知識分享和合作創新，推動了人工智慧的全球發展。

1-1-3 ChatGPT的原理

　　ChatGPT的原理基於深度學習技術，其主要是基於神經網路訓練得出的。ChatGPT可以透過學習和理解大量的人類對話來不斷提高其對話能力，從而更好地理解並產生人類自然語言。ChatGPT的訓練過程主要是透過大量的文本數據集，例如維基百科、語料庫等，然後透過多層的神經網路模型進行學習和訓練。

　　以下是幾個推薦的ChatGPT原理的入門網站：

● OpenAI是ChatGPT的開發公司，其官方網站上有大量關於ChatGPT技術的文章，包括其背後的深度學習原理和其應用場景等。

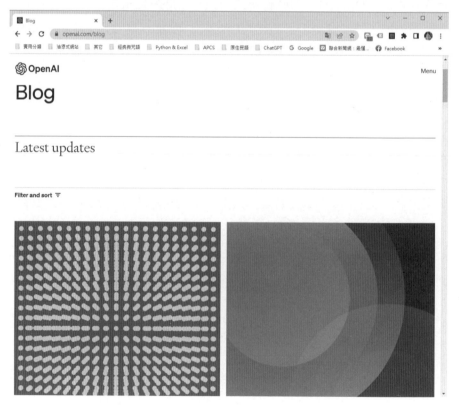

OpenAI Blog: https://openai.com/blog/

● TensorFlow是Google開源的一個深度學習框架，其網站上有大量與自
　然語言處理和語言模型相關的教程和示例，可以幫助您更好地理解
　ChatGPT的工作原理。

TensorFlow官方網站：https://www.tensorflow.org/

● GitHub上有許多與ChatGPT相關的開源項目，這些項目包括ChatGPT的
　實現代碼、相關論文的實現代碼、以及用於應用ChatGPT的資料庫和工
　具等。透過這些項目，您可以深入了解ChatGPT的原理和實現方法。

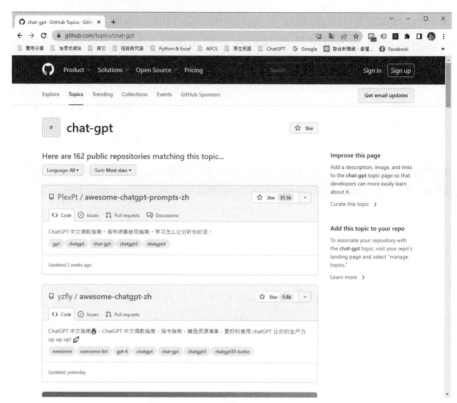

GitHub上的ChatGPT相關項目：https://github.com/topics/chat-gpt

1-1-4 ChatGPT的應用

ChatGPT的應用非常廣泛，主要集中在客戶服務、健康照護、教育等領域。例如，在客戶服務中，ChatGPT可以擔任智慧客服的角色，幫助客戶快速解決問題，提高客戶滿意度。在健康照護方面，ChatGPT可以透過對話方式幫助醫生和病人進行交流，更好地理解病情，提高診斷準確率。在教育方面，ChatGPT可以作為教育輔助工具，幫助學生快速理解並學習課程內容。

CHAPTER

1

如果您對聊天機器人（Chatbot）或自然語言處理想要了解更多相關的資訊，您可以參考以下網頁：

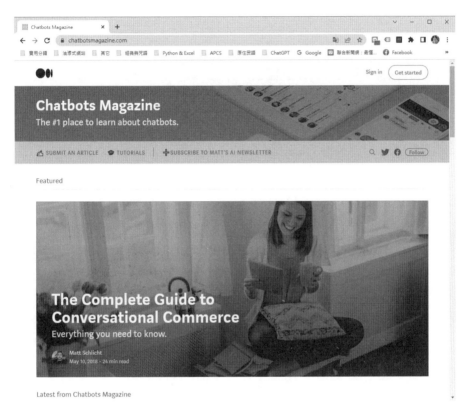

Chatbot教學網站：https://chatbotsmagazine.com/

　　這個網站提供了許多Chatbot方面的教學和指導。對於ChatGPT初學者來說，了解Chatbot的基本概念和開發技巧是非常重要的。在這個網站上，您可以找到許多有用的文章和教學，幫助您更好地理解和應用ChatGPT。

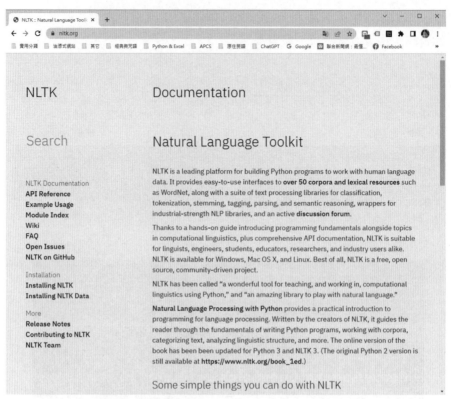

自然語言處理教學網站：https://www.nltk.org/

　　自然語言處理是ChatGPT的核心技術之一。在這個網站上，您可以找到關於自然語言處理的基本概念、技術和工具的介紹。透過這些教學和工具，您可以更好地理解ChatGPT的自然語言處理技術，並學習如何應用自然語言處理技術來改進ChatGPT的效能。

1-2 ChatGPT的歷史和發展

　　ChatGPT是由OpenAI開發的一款基於GPT-3.5模型的大型語言模型，能夠對人類自然語言進行理解和生成。在本節中，我們將為您介紹ChatGPT的歷史和發展。

1-2-1 GPT-3、GPT-3.5和GPT-4

　　ChatGPT的前身是GPT-3，這是OpenAI於2020年發布的一款基於深度學習的語言模型。GPT-3的規模巨大，擁有1.75萬億個參數，是當時最大的語言模型。GPT-3的成功使得OpenAI開始將其應用於更廣泛的領域，包括聊天機器人、文本自動摘要、網站生成等。

　　隨著對GPT-3的不斷研究和探索，OpenAI於2022年推出了GPT-3.5模型，它在GPT-3的基礎上進行了優化和升級。GPT-3.5模型擁有更高的精度和更快的速度，能夠更好地處理複雜的自然語言任務。

　　OpenAI於2023年3月14日推出了新一代的GPT-4，這款模型不僅能處理2.5萬單詞的長篇內容，是ChatGPT容量的8倍，使其在長篇內容創作、持續對話、文檔搜索和分析等應用場景中更為出色。此外，GPT-4還支援視覺輸入和圖像辨識，這是之前版本所不具備的功能。根據官方說明，GPT-4能夠透過圖像輸入的方式生成回答的內容，這使得它在多模態處理方面更加全面。除此之外，GPT-4在組織推理能力方面表現出色，超越了ChatGPT，展現出更強大的推理能力。

1-2-2 ChatGPT的發展

　　ChatGPT的發展一直以來都是OpenAI在語言模型領域的一個重要里程碑。這一小節將深入探討ChatGPT的發展歷程，從其初期版本到最新的技術突破，帶領我們了解這個令人驚嘆的語言模型是如何不斷演進和改進的。

　　為了不斷提升ChatGPT的性能，OpenAI團隊進行了一系列的技術改進。我們將探討這些改進所帶來的重要突破，包括對模型結構的優化、數據集的擴充以及訓練過程中的改進策略。這些技術改進使得ChatGPT能夠更好地理解和生成人類語言，為後續版本的發展打下了基礎。

　　除了技術改進，ChatGPT在功能上也經歷了重要的增強。我們將介紹

這些功能增強，括對長篇內容的處理能力提升、對視覺輸入和圖像辨識的支援，以及在組織推理能力方面的突破。這些功能增強讓ChatGPT在應用場景中更加靈活多樣，擁有更強大的應用潛力。

在ChatGPT的發展過程中，OpenAI透過大量的訓練數據和精心設計的演算法，不斷提高ChatGPT的效能和性能。ChatGPT已經成爲當今最先進的聊天機器人之一，被廣泛應用於智慧客服、線上教育、人機對話等領域。

1-2-3 ChatGPT的未來

隨著人工智慧技術的不斷發展，ChatGPT將會有更廣泛的應用和發展。OpenAI已經開放了ChatGPT的API，讓開發者和企業可以更方便地使用ChatGPT的技術和服務。未來，ChatGPT將會更加智慧、更加人性化，成爲人與機器之間無縫對話的關鍵技術之一。ChatGPT也可能被應用於更多的領域，例如自動編輯、自動翻譯、自動寫作等。

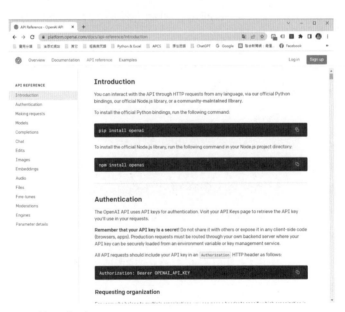

ChatGPT API使用指南：https://beta.openai.com/docs/api-reference/introduction

ChatGPT的發展還在不斷進行，未來的展望充滿著無限可能。我們將探討OpenAI對於ChatGPT未來發展的計畫和目標，以及可能的技術突破和應用領域。這些展望將揭示ChatGPT在推理、多模態處理和更深層次的語言理解上可能達到的新境界。

1-3 與ChatGPT進行第一次互動

人工智慧和聊天機器人在現代社會中的應用範圍越來越廣泛，已成為人們日常生活中不可或缺的一部分。作為一個具有代表性的聊天機器人，ChatGPT在人工智慧領域取得了重要的突破，其出色的語言處理能力甚至可以透過線上聊天與人進行互動。在本節中，我們將引導您進行第一次與ChatGPT的互動，並進行ChatGPT帳號的註冊、提出第一個問題、更換聊天機器人以及登出ChatGPT等基本操作。透過這些操作，您將更好地理解ChatGPT的應用場景和工作原理，並深入體驗ChatGPT的魅力。

1-3-1 註冊免費ChatGPT帳號

首先，讓我們示範如何註冊免費的ChatGPT帳號。請先進入ChatGPT的官方網站，您可以在瀏覽器中輸入以下網址：https://chat.openai.com/。一旦進入官網，如果您還沒有帳號，可以直接點擊畫面上的「Sign up」按鈕，以註冊一個免費的ChatGPT帳號。

在註冊過程中，您可能需要提供一些基本的個人資訊，例如電子郵件地址和密碼，以便設立帳號。請確保提供的資訊準確且安全。完成註冊後，您將獲得一個個人的ChatGPT帳號，可以開始享受ChatGPT的功能和應用。

　　值得一提的是，ChatGPT的免費帳號可能會有一些使用限制，例如每月的使用時間限制或功能限制。若您希望享受更多高級功能和無限制的使用，可以考慮升級到付費方案，以獲得更完整的使用體驗。

　　藉由這個簡單的註冊流程，您即可擁有自己的ChatGPT帳號，並開始體驗其強大的語言處理功能。讓我們立即開始，探索ChatGPT所帶來的無窮可能性吧！

　　現在，請輸入您的電子郵件帳號。如果您已經擁有Google帳號或Microsoft帳號，您也可以透過這些帳號進行註冊和登入。在下方的文字輸入框中，請輸入您要註冊的電子郵件帳號。輸入完成後，請按下「Continue」按鈕，以繼續進行註冊流程。

　　如果您選擇使用Google帳號或Microsoft帳號進行註冊，您可以點擊相應的按鈕進行帳號連接和驗證。這將為您提供更便捷的登入方式，無需額外輸入帳號和密碼。

　　註冊過程中，請確保輸入的電子郵件帳號準確無誤，以確保您能夠正確接收與ChatGPT相關的通知和資訊。

Create your account

Please note that phone verification is required for signup. Your number will only be used to verify your identity for security purposes.

Email address

Continue

Already have an account? Log in

―――――――――― OR ――――――――――

G   Continue with Google

▦   Continue with Microsoft Account

接著如果你是透過 Email 進行註冊，系統會要求使用用輸入一組至少8個字元的密碼作為這個帳號的註冊密碼。密碼輸入完畢後，再按下「Continue」鈕，會出現類似下圖的「Verify your email」的視窗。

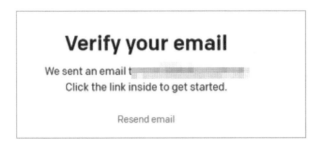

Verify your email

We sent an email t▨▨▨▨▨▨▨
Click the link inside to get started.

Resend email

接著各位請打開自己的收發郵件的程式，可以收到如下圖的「Verify your email address」的電子郵件。請各位直接按下「Verify email address」鈕：

CHAPTER

1

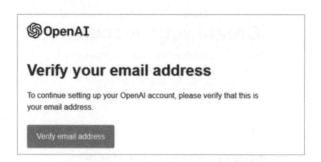

接著會直接進入到下一步輸入姓名的畫面，請注意，這裡要特別補充說明的是，如果你是透過 Google 帳號或 Microsoft 帳號快速註冊登入，那麼就會直接進入到下一步輸入姓名的畫面：

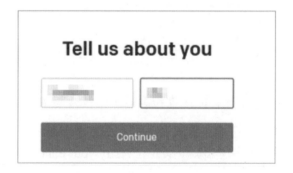

在輸入完您的姓名後，請繼續按下「Continue」按鈕。接下來，系統將要求您輸入個人的電話號碼，以進行身分驗證。這是一個非常重要的步驟，因為只有通過電話號碼的驗證，您才能使用ChatGPT的功能。

通過電話號碼的驗證是為了確保您的帳號安全性和身分真實性。一旦您按下「Send Code」按鈕，系統將向您的電話號碼發送一個驗證碼。您需要在指定的時間內輸入確認碼，以完成身分驗證流程。

請注意，輸入正確的驗證碼是非常重要的，因為這將確保您可以順利使用ChatGPT的功能。請仔細輸入並確認驗證碼的準確性。

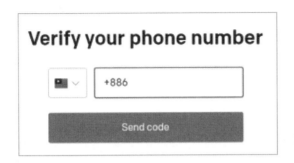

大概過幾秒後，各位就可以收到官方系統發送到指定號碼的簡訊，該簡訊會顯示6碼的數字。請在相應的輸入框中輸入您的電話號碼，確保準確無誤。完成輸入後，請記得按下「Send Code」按鈕，以發送驗證碼。

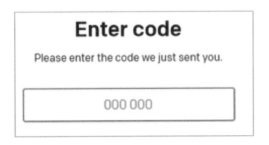

各位只要於上圖中輸入手機所收到的6碼驗證碼後，完成這一步驟後，您的ChatGPT帳號將成功完成註冊並通過身分驗證。

現在，您可以開始使用ChatGPT與其進行互動，體驗其強大的自然語言處理能力。讓我們繼續前進，開啟與ChatGPT的精彩對話之旅吧！如下圖所示：

CHAPTER

1

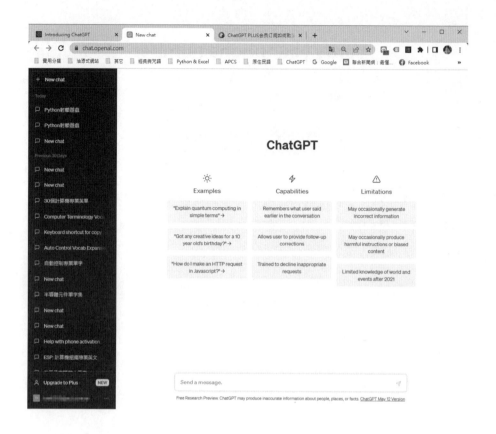

1-3-2 第一次提問ChatGPT就上手

　　一旦成功登入ChatGPT，您將進入開始畫面，它將向您提供關於ChatGPT的使用方式和指引。現在，讓我們一起學習如何提問問題，並在下方的對話框中輸入您感興趣的問題。請參考以下示範，以了解如何提問：

輸入問題：請問你的主要功能為何？

在對話框中，您可以直接輸入您的問題，ChatGPT將根據您的提問進行理解和回答。您可以試著提問各種不同的問題，無論是關於科學、歷史、技術還是其他領域的知識，ChatGPT都將努力提供有意義和相關的回答。

請記住，清晰明確地表達您的問題可以幫助ChatGPT更好地理解您的需求。避免使用模棱兩可或含糊不清的問句，這樣能夠獲得更準確和滿意的回答。

1-3-3 更換新的機器人

透過這種問答的方式，您可以持續與ChatGPT進行對話。如果您想結束當前的對話並重新開始，您可以點擊左側的「New Chat」按鈕。這可將ChatGPT重置到初始畫面並啟動一個新的對話模型。有趣的是，即使您輸入相同的問題，您可能會得到不同的回答。

透過重新開始對話，您可以獲得不同的觀點、想法和回答。這有助於探索ChatGPT的多樣性和創造性。您可以利用這種互動的方式，對特定主題進行更深入的探索，或者只是享受與ChatGPT的輕鬆對話。

無論您選擇探索哪個主題，請記住每次對話的結果可能會有所不同。ChatGPT的回答是基於其模型和訓練數據，因此即使是相同的問題，也可能會受到不同的因素影響而得出不同的回答。

1-3-4 登出ChatGPT

　　若您想要登出ChatGPT，只需輕觸畫面中的「Log out」按鈕即可完成登出程式。這個按鈕通常位於畫面的適當位置，以便您能輕鬆找到它並執行登出操作。

　　登出ChatGPT可以確保您的帳號和資訊的安全性。當您不再需要使用ChatGPT時，登出是一個良好的習慣，特別是當您使用公共或共用的設備時。確保您在使用完畢後登出帳號，可以有效地保護您的隱私和資料安全。

　　請記得，在登出之前確認您已經完成了所需的操作和對話，以免丟失任何重要的資訊或未完成的任務。您可以隨時重新登入ChatGPT，以便再次使用其功能和服務。

1-4 關於ChatGPT Plus帳號

隨著ChatGPT用戶的快速增長，OpenAI於2023年2月1日推出了一個付費版服務，稱為ChatGPT Plus。這個訂閱方式的帳號服務每月收費20美元。

ChatGPT Plus提供了一些額外的優勢和特點，讓訂閱用戶能夠享受更好的使用體驗。訂閱用戶可以獲得更快的回應時間和更高的優先級提問，這意味著他們能夠更迅速地獲得ChatGPT的回答和支援。

此外，訂閱用戶還可以享受每月額外的免費試用時間。這讓他們能夠更廣泛地利用ChatGPT的功能和應用，並在更多場景下受益於其強大的語言處理能力。

1-4-1 ChatGPT Plus與免費版ChatGPT差別

ChatGPT Plus是付費版的ChatGPT服務，相比免費版，它提供了一些額外的優勢和功能。以下是ChatGPT Plus的主要特點：

1. 更快的回覆速度：ChatGPT Plus用戶可以享受更快速的回覆時間。這意味著他們的對話和互動會更加順暢，不需要等待太長的時間來獲得ChatGPT的回答。

2. 優先使用權限：ChatGPT Plus用戶擁有優先接觸新功能和更新的權利。他們可以首先體驗和使用ChatGPT的新特性，這使得他們能夠保持在技術的前端，並享受最新的改進和功能增強。

3. 額外的免費試用時間：訂閱ChatGPT Plus的用戶每月還可以獲得額外的免費試用時間。這使得他們能夠更廣泛地使用ChatGPT，探索其應用的多樣性和潛力。

透過ChatGPT Plus，用戶可以獲得更好的使用體驗和增值服務。這個付費方案不僅提供了更快速的回應時間，還為用戶提供了優先體驗新功能的機會，以及額外的免費試用時間。

如果您想了解更多關於ChatGPT Plus的功能和優勢，您可以訪問以下
網頁以獲取更詳細的說明：

https://openai.com/blog/chatgpt-plus

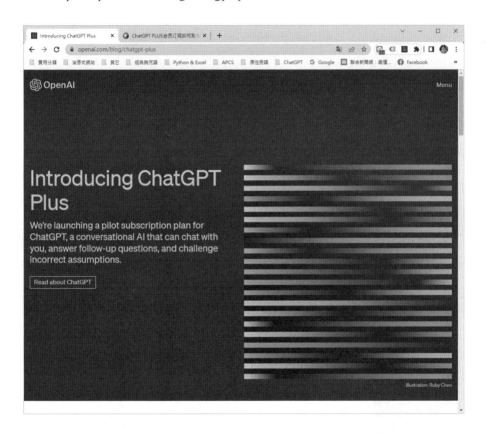

透過這個付費方案，您可以進一步提升您的ChatGPT體驗，並享受更
多的便利和功能。

1-4-2 升級為ChatGPT Plus訂閱用戶

　　如果要升級為ChatGPT Plus可以在ChatGPT畫面左下方按下「Upgrade to Plus」：

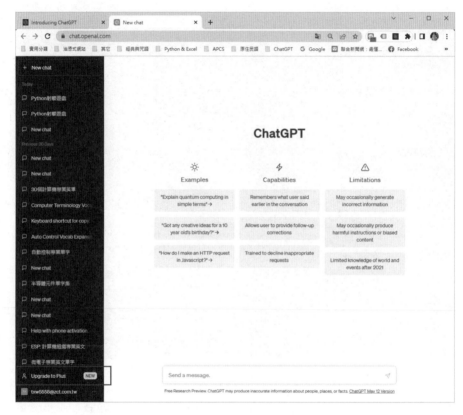

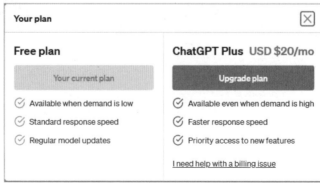

　　在下頁中填寫好相關的信用卡資料及帳單位址資訊後，就可以按下「訂閱」鈕完成ChatGPT Plus的升級服務。

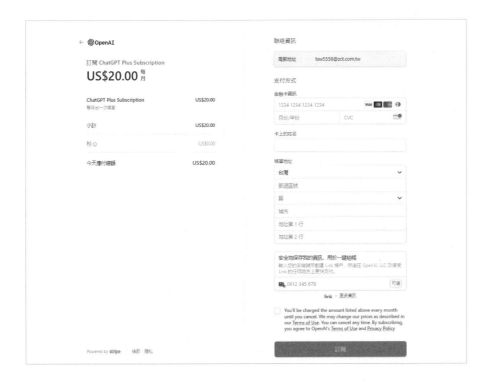

## 第二章

解析 ChatGPT 正確提問方式

在進入正確的提問方式之前，我們需要先了解ChatGPT模型的理解和限制。例如：ChatGPT只能根據已有的訓練數據進行推斷，無法進行新的創新性思考或擁有自己的主觀性或價值觀，另外，ChatGPT可能會因為輸入問題的方式或問題的形式而產生誤差或混淆。

2-1 ChatGPT的理解和限制

ChatGPT是目前熱門的自然語言生成模型之一，憑藉其卓越的表現，已被廣泛應用於對話生成、文本摘要、翻譯等多個領域。然而，儘管其強大的能力，ChatGPT還存在一些限制和挑戰。

2-1-1 知識的依賴性

ChatGPT基於訓練數據生成文本，因此其生成的內容高度依賴於所擁有的知識庫。儘管擁有大量的知識和資源，但仍無法理解複雜的語義和上下文，這限制了其在某些領域的應用。這也是為什麼ChatGPT生成的文本可能會出現不合適的語言、不合理的觀點和荒謬的結論。

2-1-2 風險的存在

ChatGPT生成的內容是基於訓練數據的結果，並不一定符合現實生活。因此，如果ChatGPT被不當使用或濫用，其生成的內容可能會帶來風險和負面影響。例如，有人可能使用ChatGPT生成有害的言論、虛假的資訊、騷擾和仇恨言論等，這樣的風險將對社會造成嚴重的損害。

2-1-3 平衡性

ChatGPT生成的內容通常是平衡的，即不支持任何特定的觀點或立場。然而，在某些情況下，我們可能希望ChatGPT生成更具體、更明確的答案，而不僅僅是通用的結論。在這種情況下，ChatGPT可能需要進一步訓練和優化。

2-1-4 隱私問題

ChatGPT的訓練需要大量的數據，這些數據通常來自用戶和客戶。這意味著，如果沒有適當的保護措施，用戶的敏感資訊可能會被洩露出去。因此，在使用ChatGPT時，我們需要遵守有關隱私和數據保護的法律和標準。

綜上所述，ChatGPT具有其知識和應用上的限制，但這些限制並不意味著ChatGPT無法應用於實際場景中。實際上，ChatGPT在多個領域中都已經得到了廣泛的應用。為了更好地應用ChatGPT，我們需要更深入地了解其運作原理和限制，這樣才能更好地利用它的優勢並避免潛在的風險。

2-2 正確的提問方式

在使用ChatGPT進行自然語言對話時，提出清晰明確的問題是非常重要的。這可以幫助ChatGPT更好地理解您的意圖，提供更加準確和有用的回答。然而，對於初學者來說，如何提出正確的問題可能會有些挑戰。在本小節中，將介紹一些正確的提問方式，以幫助您更好地利用ChatGPT。我們將從確定問題是否明確開始，然後討論上下文和背景的重要性、詞語歧義性的問題以及適當的格式和語法。現在，讓我們來探討一些正確的提問方式：

2-2-1 確定您的問題是明確的

在提問ChatGPT之前，請確保您的問題是明確的並且可以被ChatGPT理解。您可以透過以下幾點來確保您的問題是明確的：

避免使用含糊或歧義的詞語；
確保您的問題是具體的，而不是太簡單或太複雜；
確保您的問題與您要解決的問題相關聯。

● 使用簡潔的語言

使用簡潔的語言可以使您的問題更容易理解。請嘗試使用簡單的詞彙和簡短的句子來表達您的問題。例如，如果提問「我想學程式語言，那我需要哪些基礎背景知識」，您可以簡化成提問「學習程式語言需要的基礎知識」。

我想學程式語言，那我需要哪些基礎背景知識

 若您想學習程式語言，以下是一些基礎背景知識，可以幫助您建立堅實的基礎：

1. 電腦基本知識：瞭解電腦的運作原理、硬體和軟體組件的功能，以及操作系統的基本概念。
2. 數學：具備基本的數學概念，包括數字、數學運算、代數、幾何和邏輯等。
3. 邏輯思維：具備良好的邏輯思維能力，能夠分析問題、理解邏輯結構和推理過程。
4. 問題解決能力：培養良好的問題解決能力，能夠將複雜問題拆解成較小的子問題，並尋找解決方案。
5. 基本的英文能力：程式語言通常使用英文來撰寫程式碼和閱讀文件，具備基本的英文能力將有助於學習和理解程式語言相關的資源。

當您具備了這些基礎背景知識後，您可以開始學習特定的程式語言。選擇一種常用且適合初學者的程式語言，例如Python，它有著簡潔的語法和廣泛的應用領域，非常適合初學者入門。

除了基礎背景知識外，您還可以參考相關的線上課程、教學資源和書籍來學習程式語言。透過實際編寫程式、解決問題和參與開源專案等實踐活動，您將能夠不斷提升自己的程式能力。

學習程式語言需要的基礎知識

學習程式語言時，以下是一些基礎知識，可以幫助您快速上手：

1. 電腦和操作系統：瞭解電腦的基本結構和運作原理，並熟悉您所使用的操作系統（如Windows、Mac或Linux）的基本操作。
2. 程式設計概念：掌握基本的程式設計概念，例如變數、資料型別、條件語句、迴圈和函式等。這些概念是大多數程式語言共通的基礎。
3. 數學和邏輯：具備基本的數學能力，例如算術、代數和邏輯運算。在程式設計中，您將使用數學和邏輯運算來處理資料和解決問題。
4. 網路和網頁基礎知識：了解基本的網路概念和網頁結構，包括網址、HTTP、HTML和CSS等。這將有助於您開發網頁應用程式。
5. 英文能力：大部分的程式語言和相關資源都是以英文撰寫的，具備基本的英文能力將有助於您閱讀程式碼、學習文件和參與開發社群。

儘管這些基礎知識可以幫助您入門程式設計，但重要的是持續學習和實踐。選擇一種程式語言作為起點，並透過線上課程、教學資源和練習項目來深入瞭解該語言。藉由不斷實踐和解決問題，您將能夠進一步提升自己的程式能力。

● 避免含糊不清的問題

　　請確保您的問題不含糊不清或模棱兩可。這將使ChatGPT更難理解您的問題，因此，回答可能不夠準確。例如，如果您想問「哪一家餐廳最好」，請更具體地描述您需要什麼類型的餐廳、在哪個地區等。

　　以下是10種有效和無效的ChatGPT提示（prompt）示例：

有效提問（prompt）：

你能告訴我關於太陽系的一些事情嗎？

請問美國總統是誰？

能幫我解釋一下什麼是人工智慧嗎？

能給我推薦一些關於科技的書籍嗎？

能否為我解答一個有關機器學習的問題？

無效提問（prompt）：

嗨！

你喜歡我嗎？

能告訴我一個笑話嗎？

能寫首詩嗎？

你能給我唱一首歌嗎？

　　有效的提示通常包含特定的問題或主題，以幫助ChatGPT理解用戶的意圖，並提供有價值的回答。無效的提示通常是沒有明確主題或問題的，或者是要求ChatGPT進行無意義或超出其能力範圍的任務。因此，用戶應該盡可能地使用有效的提示，以獲取最佳的回答。

CHAPTER

2

● 確認問題是否完整

確保您的問題完整且包含所有必要的資訊。如果問題不完整，ChatGPT可能會無法提供有用的回答。例如，如果您想問「那裡好不好玩？」，請確定您已經提供了所在城市或地區的資訊。例如「高雄好不好玩？」

 高雄好不好玩？

高雄是台灣的第三大城市，也是一個充滿魅力和活力的城市，有許多值得遊覽的景點和活動。以下是一些關於高雄的特點，讓您了解高雄是否好玩：

1. 好吃的美食：高雄是台灣的美食天堂之一，有許多著名的傳統小吃和特色料理。您可以品嚐到美味的夜市小吃、海鮮料理、台灣燒烤等等。六合夜市、光華夜市和鹽埕區都是品嚐當地美食的熱門地點。

2. 獨特的文化景觀：高雄有一些具有獨特風格和文化意義的景點。例如，蓮池潭是一個美麗的湖泊，被視為高雄的象徵之一；而旗津是一個小島，擁有潔白的沙灘和清澈的海水，是一個受歡迎的度假勝地。

3. 自然景觀：高雄周圍有許多美麗的自然景點。例如，壽山位於高雄港口附近，是一個適合登山和觀景的地方，從山上可以欣賞到高雄市的美景。另外，愛河是高雄市的一條著名河流，沿岸有散步和踏單車的步道，讓您可以欣賞河景和城市夜景。

4. 藝術與文化：高雄有多個藝術和文化場館，例如高雄市立美術館和高雄市文化中心。這些地方舉辦各種展覽、表演和活動，讓您深入體驗當地的藝術與文化風情。

總體而言，高雄是一個充滿活力和多樣性的城市，擁有豐富的美食、文化景觀和自然景觀。無論您是喜歡美食、藝術、自然還是探索城市風情，高雄都值得一遊。

● 清楚表達您的意圖

最重要的是，請清楚表達您的意圖。ChatGPT是一個基於語言模型的系統，因此，它需要明確的語言才能理解您的問題。例如，如果您想問「我可以在這裡停車嗎」，請明確表達您是指哪一個地方？

　　總之，提出明確、簡潔的問題可以幫助ChatGPT更好地理解您的意圖，進而提供更加準確和有用的回答。

2-2-2 適當的上下文和背景

　　ChatGPT是一種基於人工智慧技術的對話生成模型，它可以根據給定的上下文和背景資訊生成流暢的對話內容。在提問ChatGPT時，請確保您提供了足夠的上下文和背景，這有助於ChatGPT更好地理解您的問題。

● 上下文的定義和作用

　　上下文是指對話中當前所討論的主題和相關信息。在ChatGPT中，上下文非常重要，因為它可以幫助模型理解對話的背景和意圖。例如，如果上下文是關於旅行的對話，那麼ChatGPT可能會根據這個上下文生成與旅行相關的對話內容。

我想去台中玩

台中是台灣的中部城市，擁有豐富多樣的旅遊景點和活動，以下是一些關於台中的特點，讓您了解台中是否好玩：

1. 文化與藝術：台中有多個藝術與文化場館，例如國家歌劇院、台中文學館和草悟道等，您可以欣賞到豐富的表演藝術、展覽和文化活動。
2. 美食：台中以其豐富多樣的美食聞名，您可以品嚐到當地特色小吃、傳統台灣料理以及國際美食。逛夜市是一個必試的活動，這裡有許多著名的夜市，如逢甲夜市和一中夜市，提供各種美味的小吃和特色料理。
3. 自然風光：台中周圍有許多自然景點，如大甲鎮瀾宮和彩虹眷村。您可以欣賞到寺廟建築、彩繪壁畫和傳統文化。
4. 主題樂園：位於台中的衛武營國家藝術文化中心內有一個主題樂園，名為「台中國家歌劇院」，是一個結合藝術表演和建築美學的文化樂園。在這裡，您可以觀賞精彩的表演，並欣賞到美麗的建築設計。
5. 購物和休閒：台中擁有多個購物中心和商圈，如台中勤美誠品綠園道和逢甲商圈等，提供了購物、餐飲和娛樂的場所。此外，您還可以在這裡享受舒適的溫泉和水療。

總體而言，台中是一個充滿文化、美食和自然風光的城市。無論您是尋找文化體驗、美食探索還是自然探險，台中都是一個值得一遊的目的地。

 請給我交通建議

在台中旅遊期間，以下是一些交通建議供您參考：

1. 公共交通：台中擁有完善的公共交通系統，您可以利用公車、捷運和火車等交通工具來移動。台中市區有公車路線密集，可以輕鬆到達主要景點和商業區。此外，台中捷運正在建設中，預計未來將提供更便捷的城市內部交通選項。台中火車站是一個重要的交通樞紐，您可以利用火車前往台中市區以外的地方。
2. 出租車：在台中，您也可以選擇乘坐出租車來移動。出租車在台中相對容易找到，可以提供更方便的點對點交通服務。請確保使用計程車時，司機打表並確認收費方式。
3. 自行車：台中市區有許多自行車道和租借站，供遊客使用。租借自行車是一種綠色和健康的交通方式，讓您可以更輕鬆地遊覽台中市區和沿岸風景。
4. 接駁服務：某些景點和購物中心可能提供接駁巴士服務，可以在不同景點之間提供便捷的交通。請查詢各個景點的官方網站或詢問當地資訊中心，了解是否有相關接駁服務。
5. 駕車：如果您有駕照並希望自駕，台中也有許多租車服務可供選擇。請注意當地的交通規則和停車指示，並確保您了解當地道路情況。

最後，請預留足夠的時間進行交通安排，尤其在高峰時段或節假日，交通可能會擁擠。提前計劃和預訂相應的交通工具，有助於確保您的旅程順利且便捷。

● 背景的定義和作用

背景是指對話中的環境和條件，例如時間、地點、文化背景等。在ChatGPT中，背景也非常重要，因為它可以幫助模型生成更加精確和自然的對話內容。例如，如果背景是在中國，那麼ChatGPT可能會生成與中國文化和風俗相關的對話內容。

● 如何在使用ChatGPT時使用上下文和背景

在使用ChatGPT進行對話生成時，應該始終考慮上下文和背景的作用。這可以透過以下幾種方式實現：

1. 提供清晰的上下文資訊：在與ChatGPT進行對話時，應該清晰地指出當前的主題和相關資訊，以幫助模型更好地理解對話背景。

2. 考慮背景資訊：在生成對話內容時，應該考慮背景資訊，例如當前的時間、地點和文化背景，以生成更加精確和自然的對話內容。

3. 利用已有的對話歷史：在進行長時間對話時，可以利用已有的對話歷史來維護上下文和背景資訊，以幫助ChatGPT更好地理解對話背景。

2-2-3 避免使用模糊或歧義性的詞語

在提問ChatGPT時，請盡可能避免使用模糊或歧義性的詞語，因為這些詞語可能會讓ChatGPT產生誤解或混淆，從而導致回答不準確或無法理解的情況發生。本節將介紹一些常見的模糊或歧義性詞語，並提供相應的解決方法。

● 避免使用歧義性的代詞和名詞

在ChatGPT中，我們經常使用代詞和名詞來指代之前提到的實體或事物。但是，如果這些代詞或名詞存在歧義性，可能會導致ChatGPT無法準

確理解你的問題或回答。例如，「它」或「這個」可以指代不同的實體或事物，具體是什麼需要在上下文中明確說明。

 請推薦這個地方的旅遊景點

 很抱歉，我無法得知您所指的具體地點是哪裡。但如果您能告訴我您所在的城市或國家，我可以為您提供一些當地著名的旅遊景點和活動的建議。

解決方法：在使用代詞或名詞時，儘量避免歧義性。可以透過在問題中明確指出實體或事物的名稱，或者在回答中給出更加詳細的描述來解決歧義性問題。

 請推薦高雄的旅遊景點

 當您到高雄旅遊時，以下是一些值得參觀的景點：

1. 旗津島：一座美麗的小島，可搭乘渡輪前往，您可以在島上欣賞海景，品嚐當地的美食，還可以體驗海上活動。
2. 蓮池潭：位於高雄市左營區，是一座美麗的人工湖，湖畔有許多美麗的景點，如慈惠堂、龍虎塔、慈濟宮等。
3. 旗津海水浴場：這是一個很受歡迎的海灘，位於旗津島上，是一個適合全家大小一起玩水的好去處。
4. 蓮海觀光夜市：位於高雄市前鎮區，是一個充滿活力和美食的夜市，您可以品嚐到許多當地的美食和特色小吃。
5. 蓮峰寺：位於高雄市三民區，是一座具有歷史價值和文化價值的佛寺，寺內有許多美麗的建築和景點。

● 避免使用模糊的形容詞和副詞

在描述某些事物時，我們可能會使用模糊的形容詞或副詞，例如「很大」、「非常好」等。這些詞語的含義可能因人而異，導致ChatGPT對其理解存在困難。

解決方法：使用更加明確和具體的形容詞和副詞，例如「十英尺長」、「非常優秀」等。

● 避免使用多義詞

多義詞是指在不同的上下文中可能具有不同含義的詞語。例如英文單字「銀行（bank）」可以指金融機構，也可以指河岸。在ChatGPT中使用多義詞可能會導致理解上的混淆。

解決方法：在使用多義詞時，需要根據上下文明確其含義。可以透過提供更多的資訊和描述來說明ChatGPT確定其含義。

● 避免使用難以理解的縮寫和術語

縮寫和術語通常只有在特定領域或專業知識中才會使用，可能會給ChatGPT帶來困惑。如果使用縮寫或術語，需要確保ChatGPT了解其含義。

 請簡介TTF

 TTF代表「台灣國際觀光展」，是台灣最大的觀光展覽會之一，由台灣觀光協會主辦，每年在高雄市舉辦。TTF展覽會展示了來自世界各地的旅遊業者、旅遊服務業者、旅遊相關產品及設備等，包括國內外旅遊地點、旅遊交通工具、旅館、餐廳、休閒設施、旅遊相關產品、設備等，是台灣旅遊業者、遊客、旅行社、媒體等尋找旅遊合作夥伴、了解旅遊產業發展趨勢、尋找新奇旅遊體驗的重要場合。TTF展覽會為國際旅遊業者提供了一個互相交流、學習和開拓市場的平台，同時也促進了台灣旅遊業的發展。

CHAPTER

2

解決方法：在使用縮寫或術語時，最好提供完整的名稱或解釋其含義。例如將上述的TTF解釋其含義。例如上面的提問「請簡介TTF」，請修改為以下例子的提問方式：「請簡介TrueTpye(副檔名.ttf)」。

 請簡介TrueType (副檔名.ttf)

 TrueType (縮寫為TTF) 是一種常用的電腦字型格式，它是由Apple和Microsoft公司於1980年代合作開發出來的。TrueType字型通常以.ttf作為檔案副檔名，也有時候會用.ttc作為多種字型集合的檔案副檔名。

TrueType字型是一種可縮放的字型，這意味著在不失真的情況下可以放大或縮小字型的大小。它還可以在不同的作業系統和應用程序之間使用，因為它是一種跨平台的字型格式。TrueType字型還具有高品質和平滑的曲線，可以在大尺寸和小尺寸下呈現清晰的字形。由於TrueType字型的優點，它已成為電腦上使用最廣泛的字型格式之一。

● 適當使用同義詞

有時候，我們可能會使用不同的詞語來表示同一個概念，而ChatGPT也有可能因為這些詞語的差異而導致理解錯誤。因此，在提問時，請適當使用同義詞來表達相同的意思，以提高ChatGPT的理解能力。例如，如果您要詢問一個關於列印機的問題，您可以使用「印表機」或「列印機」這些同義詞，以避免使用相似但意思不同的詞語，例如「列印機」和「印刷機」。

適當使用同義詞不僅可以提高ChatGPT的理解能力，也能夠幫助提高搜尋結果的準確性。

2-2-4 適當的格式和語法

在ChatGPT中，適當的格式和語法，以幫助ChatGPT更好地理解您的問題，可以幫助模型生成更加自然和流暢的對話內容。您可以透過以下幾點來確保您使用適當的格式和語法：使用清晰的句子結構和文法；避免使用縮寫詞或不合法的語言表達；確保您的問題符合自然語言的規範。

一、格式和語法的定義和作用

格式和語法是指對話中使用的結構和規則。在ChatGPT中，格式和語法對於生成自然和流暢的對話內容非常重要。例如，如果對話中使用了正確的句子結構和詞彙，那麼ChatGPT可能會生成更加自然和流暢的對話內容。

二、適當的格式和語法對模型的影響

適當的格式和語法對於模型的影響非常大。如果對話中使用了錯誤的句子結構和詞彙，那麼ChatGPT可能會生成不自然或錯誤的對話內容。因此，在使用ChatGPT時，應該盡量使用正確的格式和語法，以獲得更好的結果。

至於如何在使用ChatGPT時使用適當的格式和語法，建議可以有以下幾種方式實現：

● 使用正確的句子結構：在與ChatGPT進行對話時，應該使用正確的句子結構，例如主語+謂語的結構，以幫助模型更好地理解對話內容。

● 使用正確的詞彙：在生成對話內容時，應該使用正確的詞彙，避免使用不當的縮寫和俚語，以生成更加自然和流暢的對話內容。

● 避免使用重複的詞語：在對話中，應該避免使用重複的詞語，以生成更加自然和流暢的對話內容。

● 使用標點符號：在對話中使用標點符號可以幫助模型更好地理解對話內容，生成更加自然和流暢的對話內容。

2-3 正確提問ChatGPT注意重點

談到這裡，接著為各位示範如何使用上述正確的提問方式來提問ChatGPT。

問題：我正在研究人工智慧的發展趨勢，我想知道目前最流行的人工智慧應用是什麼？請使用清晰的語言和適當的上下文來回答我的問題。

這個問題符合上述提到的正確的提問方式，具體如下：

● 確定問題明確：問題非常具體明確，問題的主題是人工智慧的應用和發展趨勢，並且提供了具體的問題內容；

● 適當的上下文和背景：問題提供了上下文和背景，即研究人工智慧的發展趨勢；

● 避免使用模糊或歧義性的詞語：問題使用了清晰明確的語言，避免了使用模糊或歧義性的詞語；

● 適當的格式和語法：問題使用了清晰的句子結構和文法，並遵循了自然語言的規範。

綜合以上，這是一個非常好的問題，能夠讓ChatGPT更好地理解您的問題，並提供有意義的回答。

我正在研究人工智能的發展趨勢，我想知道目前最流行的人工智能應用是什麼？請使用清晰的語言和適當的上下文來回答我的問題。

 目前最流行的人工智能應用之一是「機器學習」（Machine Learning）。機器學習是指讓機器通過學習大量的數據來自動地進行決策和預測。它是人工智能領域中最為成熟的技術之一，已經廣泛應用於各種領域，包括自然語言處理、圖像識別、聲音識別、推薦系統、網絡安全等等。

例如，在自然語言處理方面，機器學習技術被用於語言翻譯、語音識別和語音合成等方面。在圖像識別方面，機器學習技術被用於人臉識別、物體識別和圖像分類等方面。在推薦系統方面，機器學習技術被用於分析用戶的行為和偏好，提供個性化的推薦內容。

此外，人工智能還在許多其他領域中得到應用，例如醫療保健、農業、製造業等。隨著人工智能技術的不斷發展和完善，人工智能在各個領域中的應用將會越來越廣泛和深入。

以下是五個向ChatGPT提問的例子，都符合上述所討論的提問重點：

問題：請解釋什麼是聊天機器人？

 請解釋什麼是聊天機器人？

 聊天機器人是一種能夠模擬人類對話的人工智能程式。它可以使用自然語言處理技術來理解人類的輸入，並回答對話中的問題或進行交流。聊天機器人可以在不同的平台上運行，例如網頁、社交媒體平台、手機應用程式等。

聊天機器人通常由三個部分組成：輸入處理、對話管理和輸出生成。在輸入處理階段，聊天機器人會通過自然語言處理技術將輸入的自然語言文本轉換為機器可理解的數據格式。在對話管理階段，聊天機器人會使用算法來決定如何回答輸入。最後，在輸出生成階段，聊天機器人會將其回答轉換為自然語言文本，並將其顯示給用戶。

聊天機器人可以應用在各種場景中，例如客服、虛擬個人助理、銷售和市場營銷等。隨著人工智能技術的不斷發展和完善，聊天機器人的應用範圍和能力也會越來越廣泛和深入。

CHAPTER

2

問題：能否給我一些關於深度學習的例子？

 能否給我一些關於深度學習的例子？

當今，深度學習技術已廣泛應用在各種領域中，包括影像辨識、語音辨識、自然語言處理、醫學診斷等。以下是一些深度學習在不同領域中的例子：

1. 影像辨識：深度學習已成為影像辨識的主要技術。例如，卷積神經網絡（Convolutional Neural Network, CNN）已被廣泛應用在圖像分類、物體檢測和圖像分割等領域。其中，CNN可以自動學習圖像中的特徵，並進行精確的辨識。
2. 語音辨識：深度學習在語音辨識中的應用也非常廣泛。例如，循環神經網絡（Recurrent Neural Network, RNN）和長短期記憶網絡（Long Short-Term Memory, LSTM）可以處理語音序列數據，實現語音辨識和語音合成等功能。
3. 自然語言處理：深度學習也在自然語言處理領域得到了廣泛應用。例如，循環神經網絡可以用於自然語言生成和機器翻譯。此外，基於注意力機制的Transformer模型也成為自然語言處理中的重要技術，例如Google的BERT和OpenAI的GPT系列模型等。
4. 醫學診斷：深度學習在醫學診斷中的應用也非常廣泛。例如，卷積神經網絡可以用於醫學影像分析，如CT、MRI等影像的自動檢測和診斷。此外，深度學習還可以用於醫學數據的分析和預測，如癌症診斷和藥物研發等。

問題：你能否解釋一下神經網路是什麼？

 你能否解釋一下神經網路是什麼？

 當我們說到神經網路時，通常是指人工神經網路（Artificial Neural Networks, ANN）。神經網路是一種受到生物神經系統啟發而開發出來的計算模型，它由一系列的神經元（neurons）和它們之間的連接（synapses）組成，並且能夠學習從輸入數據中提取特徵，進而完成各種複雜的任務。

在神經網路中，每個神經元都有多個輸入和一個輸出。輸入是其他神經元的輸出，通過權重（weights）和偏差（bias）的調整，計算出輸出，進而傳遞到下一層神經元。多層神經元組成的網路通常稱為深度神經網路（Deep Neural Networks, DNN），它可以處理更複雜的問題。

神經網路通常通過反向傳播算法（Backpropagation）來訓練。當神經網路接收到一個輸入時，它會經過前向傳播運算，逐層計算每個神經元的輸出。之後，神經網路的輸出會與真實值進行比較，計算出預測的誤差，然後通過反向傳播算法來調整權重和偏差，最小化誤差，重複這個過程，直到神經網路能夠生較為準確的預測。

神經網路已經成功應用在多個領域，例如影像辨識、語音辨識、自然語言處理、醫學診斷等，它已成為當今人工智慧的重要組成部分之一。

問題：哪些公司正在開發人工智慧技術？

哪些公司正在開發人工智慧技術？

許多公司都在開發人工智慧技術，下面是其中一些知名的公司：

1. Google：Google是一家全球知名的科技公司，它在人工智慧領域投入了大量資源，包括自然語言處理、機器學習、計算機視覺等方面的技術。
2. Microsoft：Microsoft是一家跨國科技公司，也是人工智慧技術的領先者之一。它在人工智慧方面的投入主要包括語音識別、圖像識別和機器學習等。
3. Amazon：Amazon是一家全球電子商務和雲計算領域的龍頭企業，同時也是人工智慧領域的領先者之一。它在人工智慧方面的投入主要包括自然語言處理、機器學習和計算機視覺等。
4. IBM：IBM是一家跨國科技公司，也是人工智慧技術的領先者之一。它在人工智慧方面的投入主要包括機器學習、自然語言處理和計算機視覺等。
5. Tesla：Tesla是一家全球知名的電動汽車製造商，同時也是人工智慧領域的重要參與者之一。它在人工智慧方面的投入主要包括自駕車技術和機器學習等。

除了以上這些公司，還有諸如Facebook、Apple、Baidu、Tencent等公司也都在不同程度上投入了人工智慧領域的研發。

問題：你能告訴我如何應用人工智慧技術解決問題？

你能告訴我如何應用人工智慧技術解決問題？

當應用人工智慧技術來解決問題時，下面是一些可以遵循的步驟：

1. 定義問題：首先需要確定問題的範圍和目標，以便確定使用哪些人工智慧技術和算法。
2. 收集數據：人工智慧技術需要大量的數據來訓練模型。因此，需要收集相關的數據集，以支持模型的訓練和測試。
3. 數據清理和準備：數據可能包含錯誤、缺失值和不必要的信息。因此，需要對數據進行清理和準備，以確保數據的質量和完整性。
4. 選擇算法：根據問題的性質和目標，需要選擇合適的人工智慧算法和技術。例如，機器學習、深度學習、自然語言處理等。
5. 訓練模型：根據所選算法，需要使用準備好的數據集來訓練模型，這將涉及模型的參數調整和模型的評估。
6. 測試和驗證：經過訓練後，需要使用測試數據集來驗證模型的性能。如果模型表現不佳，需要進一步調整和改進模型。
7. 部署和維護：一旦模型訓練完畢，需要將其部署到實際的應用中。同時，需要持續監控和維護模型，以確保其持續的有效性和性能。

需要注意的是，應用人工智慧技術來解決問題需要一定的技術和專業知識。因此，可能需要尋求專業人員或相關機構的協助和支持。

2-4 聰明提示（prompt）的私房技巧

聰明的提示（prompt，或稱提問）是指具有良好結構和明確主題的提示，可以幫助ChatGPT更好地理解用戶的意圖，並提供更準確、有用的回答。以下是幾個聰明提示的重點：

1. 聚焦主題：好的提示應該聚焦於特定的主題，讓ChatGPT能夠更好地理解問題的範圍和意圖。

2. 適當的上下文：提示應該提供足夠的上下文資訊，以便ChatGPT能夠更好地理解問題。

3. 清晰的問題：好的提示應該包含清晰、明確的問題，使ChatGPT能夠更好地理解問題的本質。

4. 專業術語和關鍵詞：如果提示涉及到專業術語或關鍵詞，應該明確地加以定義，以便ChatGPT更好地理解問題。

5. 限制語言：提示應該使用簡單、清晰的語言，避免使用模糊或含糊不清的詞語或短語。

6. 正確的語法和拼寫：提示應該遵循正確的語法和拼寫規則，以使ChatGPT更容易理解問題。

7. 說明輸出內容的形式：例如：以表格形式呈現。例如以下例子要求ChatGPT以表格的形式來呈現所要求的輸出內容。

CHAPTER

2

8. 接續未完成的答案:「請繼續」。當回答內容不完整時,這種情況下就可以輸入「請繼續」提示語來接續未完成的回答內容,例如下面三圖所示:

CHAPTER

2

> TX　請繼續

然而，幸福的時光總是短暫的。隨著時間的流逝，艾莉和傑克面臨了各自的挑戰和困難。傑克的家庭遭遇了財務危機，他不得不放棄大學的夢想，去找工作來支持家人。

儘管如此，傑克始終保持著堅毅和積極的態度。他努力工作，希望能改變家庭的處境。而艾莉則在這個艱難的時刻給予了他無盡的支持和鼓勵。她相信傑克的能力，並願意和他一起面對困難。

他們的愛情在逆境中變得更加堅固。傑克明白他不能辜負艾莉的期望，於是他更加努力地工作，為了將來能夠給艾莉一個穩定的生活。他相信，只要他們攜手並肩，無論遇到什麼困難，他們都能夠克服。

隨著時間的推移，傑克終於實現了他的夢想，事業開始蒸蒸日上。艾莉也努力追尋自己的夢想，她成為了一位優秀的畫家，將自己的情感和熱愛轉化為藝術作品。

他們的努力和堅持為他們帶來了成功和幸福。傑克和艾莉共同擁有了一個美麗的家，並育有兩個可愛的孩子。他們一起度過了許多幸福的時光，充滿了愛、歡笑和感激。

這是一個愛情故事，講述著兩個人從朋友到戀人的轉變，以及他們在困難中的支持和奮鬥。他們的愛情經歷了考驗，但最終堅不可摧。這個故事提醒著我們，愛是一種力量，可以克服一切困難，讓我們變得更堅強和勇敢。

請記住，愛情不僅僅是浪

> TX　請繼續

請記住，愛情不僅僅是浪漫的時刻和甜言蜜語。它需要忍耐、理解和彼此支持。在艾莉和傑克的故事中，他們展示了真正的愛情的力量，這種愛情能夠在困難中成長，並讓兩個人更加堅強。

隨著年華老去，艾莉和傑克的愛情越來越深厚。他們經歷了許多生活中的起伏和挑戰，但他們總是一起度過。無論是喜悅還是悲傷，他們都相互扶持，成為彼此的力量和支柱。

他們學會了傾聽和溝通，尊重彼此的不同和獨立。他們共同追求夢想，並為彼此創造一個溫暖而和諧的家庭環境。他們的故事教會我們，真正的愛情需要付出和奉獻，但它也帶來了無與倫比的快樂和滿足感。

在他們白髮蒼蒼的年紀，艾莉和傑克仍然手牽著手，一起散步在小鎮的街道上。他們回憶著年輕時的點點滴滴，分享著彼此的喜悅和感激。他們的愛情是如此深沉和持久，充滿了智慧和成熟。

這是一個關於愛情的故事，它告訴我們，愛情是無私的，它需要我們願意放下自己，為對方付出。它也是一個關於成長和共同奮鬥的故事，它教會我們不輕易放棄，始終相信愛情的力量。

9. 利用標籤作爲提示語的補充說明

在詢問ChatGPT加上標籤的重要性是爲了引導模型回答特定主題或執行特定任務。標籤可以作爲指示，幫助模型更好地理解用戶的意圖並提供相應的回答，這對於保證對話的內容和方向非常重要。ChatGPT是一個生成式模型，它在回答問題時具有自由度，但有時也會產生與主題不相關或不合適的回答。透過加上標籤，可以確保模型產生的回答符合預期，更具有相應的內容和一致性。以下是一個例子，示範了如何使用標籤來指導對話：

TX　你可以告訴我關於環保的方法嗎？
#環保

⬡　當然可以！以下是一些關於環保的方法：

1. 節約能源：關掉不需要使用的電器和燈具，選擇使用節能電器，並在不使用時拔掉插頭。使用能源高效的照明產品，如LED燈泡。
2. 減少用水：修復漏水的水龍頭和管道，不浪費水。在刷牙或洗碗時，關掉水龍頭。安裝節水裝置，如節水淋浴頭或馬桶水箱節水器。
3. 減少廢棄物：優先使用可回收的材料和產品，並定期回收和分類垃圾。購物時使用可重複使用的購物袋，減少使用一次性塑料袋和容器。優先選擇購買包裝簡單和環保的產品。
4. 節約用紙：減少紙張使用量，選擇電子郵件和數位文件替代紙質文件。如果必須使用紙張，優先選擇再生紙。
5. 減少空氣污染：選擇使用公共交通工具、步行、騎自行車或共乘，以減少汽車的使用。減少燃燒化石燃料，如石油和煤，使用清潔能源，如太陽能和風能。
6. 推廣可持續飲食：減少肉類消耗，選擇素食或少吃肉食。購買有機和當地產的食物，減少食物運輸的碳排放。
7. 植樹造林：參與植樹活動，將空地和荒地改造成綠地。樹木能夠吸收二氧化碳，並釋放出氧氣，有助於減少溫室氣體的排放。
8. 教育宣傳：提高環保意識，教育他人關於環保的重要性，鼓勵他們採取環保行動。

這些是一些常見的環保方法，通過實踐這些方法，我們每個人都可以對環境做出貢獻。記住，小小的改變也能帶來大大的影響！

CHAPTER

2

在這個例子中，標籤「#環保」讓模型知道用戶正在詢問與環保相關的問題。這樣，模型能夠提供相應的回答，並確保其內容與環保相關，給予用戶相關的建議和資訊。

使用標籤的好處是可以限制模型的回答範圍，使其專注於特定的主題或任務。然而，需要注意的是，標籤僅僅是一種指示，模型仍然可能因為語言的模稜兩可或其他因素而產生不確定的回答。因此，在使用標籤時，仍然需要謹慎審查和確認模型的回答，以確保其準確性和合適性。

除了指導對話主題外，標籤還可以用於執行特定的任務，如問答、翻譯、摘要等。例如，對於問答任務，可以使用標籤來指定問題和回答的格式，使模型能夠根據問題給出正確的答案。

以下是一個問答的例子：

#問答
什麼是人工智慧

人工智慧（Artificial Intelligence，簡稱AI）是指模擬、模仿和執行人類智能的科學和工程領域。它旨在創造能夠執行像人類一樣思考、學習、推理、解決問題和做出決策的機器系統。

人工智慧涉及多個子領域，包括機器學習（Machine Learning）、專家系統（Expert Systems）、語音識別（Speech Recognition）、計算機視覺（Computer Vision）、自然語言處理（Natural Language Processing）等。這些領域的目標是使機器能夠感知、理解、推理和學習，並能夠在不斷變化和複雜的情境下進行自主的智能行為。

機器學習是人工智慧的一個重要分支，它利用數據和統計技術，使機器能夠自動學習和改進性能，而無需明確的編程。透過訓練模型，機器可以辨識模式、進行預測、做出決策和解決問題。

人工智慧的應用廣泛，包括自駕車、語音助手（如Siri和Alexa）、網絡搜索、推薦系統、醫療診斷、金融預測、機器人技術等。人工智慧的發展不僅在科技領域具有重要意義，也對社會和經濟產生了深遠的影響。

CHAPTER

2

　　在這個例子中，標籤「#問答」指示模型回答關於人工智慧的問題。這樣，模型能夠提供與人工智慧相關的定義和解釋，以滿足用戶的需求。

10. 限制回答內容的字數

　　例如我們要求ChatGPT生成一個題目，並限定字數，以下的範例中要求生成關於「好朋友」的4句簡短對話，並限制字數必須50字以內。可以參考以下的作法：

TX　請以華語幫我寫一篇50字以內關於「好朋友」的兩個人的4句簡短對話，在對話結束後，出一個和這個對話內容有關的問題，這個問題有(A)(B)(C)(D)四個選項，最後，給我這個問題的答案。

 A: 你是我最好的朋友！
B: 謝謝，你也是我的好朋友！
A: 我們一起度過了這麼多美好的時光。
B: 是的，我們的友誼永遠不會改變。

問題：這兩個人是如何成為好朋友的？
(A) 在學校裡認識的。
(B) 他們是鄰居。
(C) 在一個共同的興趣小組相識。
(D) 是家人。

答案：(A) 在學校裡認識的。

---

11. 提醒ChatGPT不需要重複題目

　　我們在詢問ChatGPT時，有時聊天機器人會重複您要問的問題，例如以下的例子中回答內容會重複出現標題名稱，這種情況下我們就可以直接要求不要重複寫出標題名稱，則回答內容就會直接出文章及各道選擇題。

TX 請幫我寫一篇 150 字以內的閱讀理解文章，主題是"健康生活方式的好處"，並製作 3 道選擇題，每道題有 4 個答案選項。最後，給我每個問題的答案。

⑨ 標題：健康生活方式的好處

健康的生活方式帶來許多優點，對身體和心理健康都有積極的影響

TX 請幫我寫一篇 150 字以內的閱讀理解文章，主題是"健康生活方式的好處"，並製作 3 道選擇題，每道題有 4 個答案選項。最後，給我每個問題的答案。請直接寫文章內容，不要重複寫出主題的名稱。

⑨ 選擇養成健康的生活方式，將帶來許多好處，並對身體和心理健康產生積極影響。保持健康的生活方式有助於增強肌肉，改善心血管健康並提升能量水平。參與適度的體育活動有助於降低慢性疾病的風險。均衡營養的飲食有助於提供身體所需的必要營養素，並有助於體重管理。此外，定期運動釋放出內啡肽，這是一種讓人感到愉悅的激素，可以緩解壓力並改善情緒。健康的飲食習慣與更好的認知功能和心理疾病風險的降低有關。擁抱健康的生活方式還能延長壽命，預防慢性疾病，維持免疫系統和恢復能力。養成健康的生活習慣是提高生活質量的重要因素。

多重選擇題：

1. 健康的生活方式對身體健康的好處包括：
   a) 提高肌肉力量
   b) 改善心理健康
   c) 增加慢性疾病的風險
   d) 降低能量水平

答案：a) 提高肌肉力量

2. 健康的飲食習慣對心理健康的影響是：
   a) 釋放內啡肽
   b) 提高免疫系統功能
   c) 降低體重管理風險
   d) 增加心臟病的機會

12. 結合引號功能來補強重點

　　使用引號可以幫助強調問題中的重點。這樣做可以使問題更加清晰，並引起讀者對重要資訊的注意。例如：

你是否真正「了解」這個概念？

　　這個問題中的引號強調了「了解」這個詞，表明你對對方是否真正理解該概念有所質疑。

你是否認為這項政策是「公平」的？

　　這個問題中的引號強調了「公平」這個詞，意味著你想要了解對方是否認為該政策真的公平。

你是否認為"ChatGPT"聊天機器人對人類只有好處，沒有壞處？

> **TX** 你是否認為"ChatGPT"聊天機器人對人類只有好處，沒有壞處？

> 作為一個語言模型，我個人無法擁有觀點或意見，但是我可以提供一些關於"ChatGPT"聊天機器人的資訊。

> "ChatGPT"聊天機器人可以提供幾項優點。它可以用於提供即時且方便的資訊和回答問題，無論是在學術、技術還是日常生活方面。它可以幫助人們解決問題，提供指導，並提供各種實用的資源。此外，它還可以作為一種練習語言和對話技能的工具。

> 然而，"ChatGPT"聊天機器人也可能存在一些潛在的壞處。例如，它可能無法理解特定情境或適用於所有用戶。它的回答基於已有的資料和訓練，可能存在錯誤或缺乏準確性。此外，人們可能過度依賴聊天機器人而忽略真實的人際互動，這可能對社交技能和人際關係產生一些影響。

> 總的來說，"ChatGPT"聊天機器人有其優點和限制，人們應該在使用時保持批判思考，並在必要時尋求真實人類的幫助和意見。

13. 自行提供範本給ChatGPT參考

我們也可以自行提供範本給ChatGPT參考，它就會依你所指示的範本去回答內容，例如以下的詢問範例：

提問內容：

請以任何一位虛設的人物及資訊，模擬以下的履歷表撰寫風格，設計出一份可以讓我修改內容的簡易履歷表。

姓名: [你的姓名]

聯繫方式:

電話: [電話號碼]

電子郵件: [電子郵件地址]

教育背景:

[教育機構名稱]，[學位]，[專業]，[畢業時間]

[教育機構名稱]，[學位]，[專業]，[畢業時間]

工作經驗:

[公司名稱]

職位: [職位名稱]

工作時間: [起始日期] - [結束日期]

職責:

[職責描述]

[職責描述]

[公司名稱]

職位: [職位名稱]

工作時間: [起始日期] - [結束日期]

職責:

[職責描述]

[職責描述]

技能:

[技能1]

[技能2]

[技能3]

獎項和榮譽:

[獎項1]

[獎項2]

[獎項3]

其他:

回答內容：

姓名: John Smith

聯繫方式:

電話: 123-456-7890

電子郵件: john.smith@example.com

教育背景:

ABC大學，學士學位，經濟學，2020年
XYZ學院，副學士學位，商業管理，2018年

工作經驗:

XYZ公司
職位: 行銷專員
工作時間: 2021年1月 - 2022年12月
職責:

負責制定和執行市場推廣策略，以提高產品銷售量
協調市場研究和競爭分析，提供市場趨勢和競爭情報
策劃並執行線上和線下廣告活動，增加品牌曝光和知名度
ABC公司
職位: 業務助理
工作時間: 2019年4月 - 2020年12月
職責:

協助銷售團隊處理客戶查詢和需求
準備報價單和合同文件，跟進銷售進度
與客戶建立和維護良好的關係，提供優質的客戶服務
技能:

數據分析和報告撰寫
市場推廣和廣告策略

> 客戶服務和溝通技巧
> 獎項和榮譽：
>
> 最佳行銷專員獎，XYZ公司，2022年
> 優秀學生獎學金，ABC大學，2019年
> 榮譽學生社團成員，XYZ學院，2018年
> 其他：
>
> 流利的英語口語和書面表達能力
> 熟練使用Microsoft Office套件（Word、Excel、PowerPoint）

14. 比較中文及英文的提示（prompt）差異

當用戶使用英文提問時，ChatGPT的回答速度、答案的完整度和正確性較佳。因此，如果用戶希望快速獲得正確且豐富內容的解答，可以考慮使用英文提問並閱讀相關回答內容。若對英文內容理解有困難，可以借助網路上的翻譯工具，如Google翻譯，以便解讀回答內容。

輸入問題：

What is HTML 5?

ChatGPT回答畫面：

CHAPTER

2

 What is HTML 5?

 HTML5 (Hypertext Markup Language 5) is the latest version of the standard markup language used for structuring and presenting content on the World Wide Web. It is a revision of HTML that introduces new features and enhancements to improve the functionality and user experience of web pages and applications.

Some key features of HTML5 include:

1. Semantics: HTML5 introduces new elements and attributes that provide better semantic meaning to the structure of web documents. This allows developers to define sections, headers, footers, articles, and other content more accurately.
2. Multimedia support: HTML5 includes native support for audio and video playback without the need for plugins like Flash. It provides the <audio> and <video> elements, making it easier to embed media content into web pages.
3. Canvas and graphics: HTML5 introduces the <canvas> element, which provides a drawing surface for rendering graphics, animations, and interactive visualizations directly within the web browser, without relying on third-party plugins.
4. Offline and storage capabilities: HTML5 offers the ability to create web applications that can work offline, utilizing the browser's local storage capabilities. This enables users to access and interact with web content even when they are not connected to the internet.
5. Improved forms and input types: HTML5 introduces new form input types, such as email, date, number, and range, which allow for more user-friendly and semantically meaningful input fields. It also provides form validation and the ability to customize form elements using CSS.
6. Responsive web design: HTML5 includes features and APIs that facilitate the creation of responsive web pages, which can adapt and optimize their layout and content based on the device or screen size being used to view them.

HTML5 has become widely adopted and supported by modern web browsers, and it has revolutionized the way web content is developed and delivered, providing a more feature-rich and interactive web experience.

接著各位可以將這個問題的回答內容，複製貼上到Google翻譯，並指定由「英文」翻譯成「繁體中文」，就可以迅速將回答內容以繁體中文呈現，以幫助各位的理解。

Google翻譯協助將英文翻譯成中文的畫面：

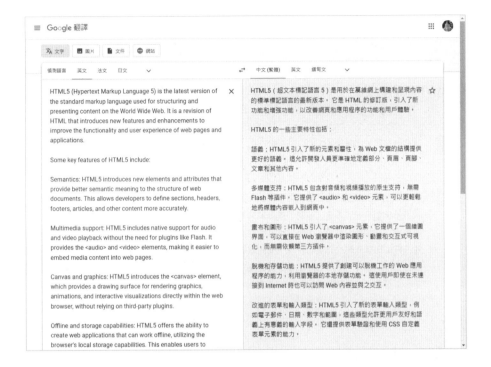

　　總之，聰明的提示應該包含良好的結構和明確的主題，提供足夠的上下文資訊和明確的問題，使用專業術語和關鍵詞時應明確加以定義，使用簡單、清晰的語言，遵循正確的語法和拼寫規則。這些重點將有助於用戶獲取更好的ChatGPT回答。

2-5 聰明提示牛刀小試實例

　　這個小節我們就把握上述正確提問（或稱提示，Prompt）方式的原則及注意重點為各位示範幾個精彩實例。

2-5-1 聰明提示：寫小說

> 問題：請寫一篇關於母愛的150字以內的短文。

ChatGPT回答內容：

 請寫一篇關於母愛的150字以內的短文。

母愛是世界上最偉大的力量。母親用她無私的愛無私地關愛著我們，為我們付出一切。她是我們的安慰者和支持者，在我們最困難的時候給予我們力量。她總是懷抱著我們的夢想，並為我們的成功感到驕傲。母親的愛是無條件的，永遠不會改變或消逝。她願意犧牲自己的幸福，只為確保我們的幸福和安全。我們應該永遠珍惜和感激母親，並用同樣的愛回報她。無論我們走到哪裡，母親的愛都會伴隨著我們，成為我們人生中最重要的力量。母愛是無價的，它超越了言語和界限，永遠在我們心中。

2-5-2 聰明提示：翻譯

> 問題：
> 請將以下的文章翻譯成英文。
> 母愛是世界上最偉大的力量。母親用她無私的愛無私地關愛著我們，為我們付出一切。她是我們的安慰者和支持者，在我們最困難的時候給予我們力量。她總是懷抱著我們的夢想，並為我們的成功感到驕傲。母親的愛是無條件的，永遠不會改變或消逝。

ChatGPT回答內容：

 請將以下的文章翻譯成英文。
母愛是世界上最偉大的力量。母親用她無私的愛無私地關愛著我們，為我們付出一切。她是我們的安慰者和支持者，在我們最困難的時候給予我們力量。她總是懷抱著我們的夢想，並為我們的成功感到驕傲。母親的愛是無條件的，永遠不會改變或消逝。

 A mother's love is the greatest power in the world. She selflessly cares for us, giving everything she has. She is our comforter and supporter, providing strength in our toughest times. She always holds our dreams close to her heart and takes pride in our achievements. A mother's love is unconditional, never changing or fading away.

2-5-3 聰明提示：造句

問題：

請將以下單字進行造句，並輸入句子的中譯結果

play

ChatGPT回答內容：

 請將以下單字進行造句，並輸入句子的中譯結果
play

1. Children love to play with their toys.
   孩子們喜歡玩他們的玩具。
2. The actors rehearsed their lines before the play.
   演員在表演之前排練他們的台詞。
3. Let's go outside and play in the park.
   讓我們出去公園玩耍吧。
4. The dog eagerly fetched the ball during the playtime.
   狗在遊戲時間里熱切地去撿球。
5. The children created a make-believe world during their imaginative play.
   孩子們在他們的想像遊戲中創造了一個虛構的世界。

CHAPTER

2

2-5-4 聰明提示：IG廣告

問題：請幫我寫一封關於"高雄好好玩"的IG廣告。

ChatGPT回答內容：

> TX　請幫我寫一封關於"高雄好好玩"的IG廣告。
>
> ⬡　讓我們一同揭開高雄的無限魅力！✨🎆高雄好好玩！
>
> 親愛的朋友們，你想知道哪座城市擁有令人嘆為觀止的景色、美食和文化嗎？那就是高雄！讓我們一同探索這座令人驚艷的城市吧！📷🎞🏛
>
> 高雄以其壯麗的自然景觀聞名於世。從蔚藍的海灣到壯觀的山脈，這裡擁有無數讓人屏息的美景。你可以沉醉於美麗的旗津海灘，探索充滿神秘色彩的旗津洞天福德宮，或是登上壯觀的旗山高塔，眺望整個城市的美景。🏖⛰
>
> 當然，高雄的美食也是不可錯過的！這裡有各種各樣的道地美食，從道地的夜市小吃到精緻的海鮮料理，絕對能滿足你的味蕾。記得品嚐道地的六合夜市小吃、高雄美麗島站附近的美食一條街以及壽山上的高級餐廳，每一口都是對味的美味佳餚。🍜🍲🍤
>
> 高雄還有豐富的文化和藝術場景，讓你感受城市的脈搏。你可以參觀高雄蓮池潭的荷花季，欣賞蔚藍天空下的浪漫景色，或是到高雄音樂中心欣賞世界級的音樂表演。而高雄充滿著獨特的藝術氛圍，許多藝術展覽和文化節慶都在這裡舉辦，讓你感受到豐富多元的藝術風情。🎭🎨🎪

2-5-5 聰明提示：短影片腳本

問題：請幫我寫一封關於推廣"籃球戰鬥營"的短影片腳本。

ChatGPT回答內容：

TX　請幫我寫一封關於推廣"籃球戰鬥營"的短影片腳本。

標題：籃球戰鬥營——將你的技術推向極限！

場景：開放籃球場，充滿活力的音樂和熱情的球員。

[背景音樂：節奏強勁的音樂]

開場鏡頭：球場上充滿活力的球員在練習，彼此傳球和運球。

旁白：「你對籃球充滿熱情嗎？你渴望提升自己的技術嗎？現在，我們帶給你一個獨特的機會——籃球戰鬥營！」

切換到教練與球員對話的場景。

教練：「嗨，各位籃球愛好者！我們知道，想成為頂尖的籃球選手並不容易。但現在，籃球戰鬥營將成為你實現夢想的關鍵！」

球員：「這是一個多長時間的營隊？」

教練：「籃球戰鬥營為期一週，每天充實的訓練和競爭，讓你的技術和競爭力達到全新的水平！」

球員：「那麼，我們可以學到什麼？」

教練：「籃球戰鬥營將教授你最新的訓練方法和籃球技巧。你將學習如何提高投籃準確性、增強爆發力和敏捷性，以及改善防守技巧。」

2-6 以人物背景設定來提高內容精確度

在使用ChatGPT時，一個好的提示是提高回答精確度的關鍵。人物背景設定是一種常見的提示策略，可以透過爲ChatGPT提供關於用戶的背景資訊，從而幫助它更好地理解問題，提供更準確的回答。

人物背景設定可以包括用戶的職業、興趣、教育背景、社交網路等資訊，這些資訊可以讓ChatGPT更好地理解用戶的語言和思考方式。例如，

一位醫生可能會使用專業術語和特定的學科知識來描述他們的問題，而一個退休老人可能會使用更簡單的術語和常用詞語。

　　在這一小節中，我們將探討如何使用人物背景設定來提高提示的精確度，以及如何使用這些資訊來產出聰明的提示，提供更準確和有價值的回答。

2-6-1 人物背景設定：中醫

> 問題：請以有10年以上專業中醫的角度提供如何減肥的建議。

ChatGPT回答內容：

TX　請以有10年以上專業中醫的角度提供如何減肥的建議。

作為一位有10年以上專業中醫的醫生，我願意提供以下關於減肥的建議。請注意，每個人的體質和健康狀況各有不同，因此建議僅供參考，如果您有特殊情況，請諮詢專業醫生的意見。

1. 飲食調節：
   * 適度控制熱量攝取，選擇均衡的飲食，減少高糖、高脂肪、高鹽的食物。
   * 增加蔬菜、水果、全穀類食物的攝入量，提供充足的營養。
   * 注意飲食的時間和規律，避免暴飲暴食和長時間飢餓。
2. 中醫調理：
   * 請尋求專業中醫師的幫助，根據個人體質調理體內的陰陽平衡。
   * 中醫可以針對您的具體情況選擇適合的治療方法，如針灸、中藥調理等。
3. 適度運動：
   * 選擇適合自己的運動方式，如散步、游泳、瑜伽等，每週保持適度運動量。
   * 運動不僅能消耗熱量，還有助於提升新陳代謝和塑造身材。
4. 穴位按摩：
   * 中醫穴位按摩可以促進氣血循環和新陳代謝，幫助減肥。您可以尋求專業中醫的指導，學習一些適合自己的穴位按摩方法。
5. 減壓和睡眠：
   * 壓力和睡眠不足可能導致體重增加。請學習有效的減壓技巧，保持充足的睡眠時間和質量。

請記住，減肥需要耐心和持之以恆的努力。重要的是保持健康的生活方式，並與專業醫生合作，制定適合您的個人減肥計劃。

2-6-2 人物背景設定：專業導遊

問題：請以有10年新竹在地專業導遊的角度推薦"新竹"的私房景點。

ChatGPT回答內容：

 請以有10年新竹在地專業導遊的角度推薦"新竹"的私房景點。

作為一位有10年在地專業導遊，我很樂意向您推薦新竹的一些私房景點。新竹是一個充滿歷史文化和自然風光的城市，擁有豐富的旅遊資源。以下是我為您挑選的幾個私房景點：

1. 香山區: 香山區位於新竹市東側，是一個充滿自然美景的地區。您可以前往香山國家風景區，登上香山主峰，欣賞壯闊的風景和遠處的海景。此外，您還可以參觀香山寺，一座歷史悠久的佛教寺廟，體驗寺廟的寧靜氛圍。
2. 新竹市區老街: 新竹市區保留了許多傳統的老街巷，充滿懷舊風情。請您到東門城市門樓附近的東門老街，品味當地的小吃美食，如米粉湯、肉圓、豆干等。您也可以到南門市場，逛逛傳統的市場，感受熱鬧的氛圍。
3. 清華大學: 清華大學是台灣最具聲響的學府之一，也是新竹市的代表性景點之一。您可以參觀校園內的美麗建築，如光復堂、立人樓等。此外，清華大學內還有一座風景秀麗的湖泊，稱為大草坪湖，您可以在這裡漫步散步，享受寧靜的氛圍。
4. 綠光計畫: 綠光計畫是新竹市的一個環保景點，旨在推動環保和永續發展。您可以參觀綠光計畫的展示館，了解新竹市在環保方面的努力和成就。此外，綠光計畫還有一個綠地公園，供遊客休憩和散步，享受大自然的美景。
5. 竹北眷村博物館: 竹北眷村博物館是一個展示台灣眷村歷史和文化的場所。眷村是1950年代至1970年代台灣軍人家屬居住的社區，具有濃厚的歷史氛圍。在博物館裡，您可以了解眷村的歷史背景，參觀重建的眷村房屋，體驗當時的生活方式。

這些只是新竹的一部分私房景點，希望能為您的旅程提供一些參考。請注意，景點開放時間和詳細資訊可能會有所變動，建議您在前往之前查詢最新資訊，以確保順利的旅遊體驗。祝您在新竹有個愉快的旅程！

2-6-3 人物背景設定：知名部落格寫手

問題：請以一位部落格寫手寫一篇關於林書豪的部落格文章。

ChatGPT回答內容：

TX　請以一位部落格寫手寫一篇關於林書豪的部落格文章。

標題：林書豪：籃球界的傳奇

大家好！今天我們要來談談籃球界的一位傳奇人物－林書豪。他的名字在籃球迷心中已經成為了一個代表著堅持、努力和成功的象徵。讓我們一起回顧他的職業生涯，以及他對球場和社會的影響。

林書豪的籃球之旅始於他在高中時期。儘管他在學業和身高上面臨著困難，但他的熱情和才華使他成為球隊的核心。他在高中時期的出色表現吸引了哈佛大學的注意，成為哈佛籃球隊的一員。然而，在大學聯賽中，他仍然面臨著被低估和被忽視的困境。這種挫折激發了他內心的火焰，使他更加努力地工作，最終證明了他的實力。

然而，真正的突破是在2012年的紐約尼克斯隊中發生的。在一場場比賽中，他以出色的表現和關鍵的進攻為尼克斯隊贏得了連勝，並且他的名字成為了全球熱議的話題。這段時間被稱為「林來瘋」，他的表現獲得了世界的注目，並為他贏得了眾多球迷。林書豪成為亞洲籃球界的代表，並向全世界展示了亞裔球員的潛力和能力。

然而，職業生涯並非一帆風順。林書豪在接下來的幾年中經歷了許多挑戰和受傷，他在不同球隊間穿梭，但他的信念從未動搖。他對於籃球的熱愛和對自我提升的要求使他堅持不懈地奮鬥，並在球場上繼續展現他的實力。

然而，林書豪並不僅僅是一位籃球運動員。他利用他的聲音和影響力，積極參與社會事務，

2-6-4 人物背景設定：新聞主播

> 問題：請以專業新聞主播的角度，寫一篇關於介紹台灣的新聞稿。

ChatGPT回答內容：

TX 請以專業新聞主播的角度，寫一篇關於介紹台灣的新聞稿。

標題：探索台灣：風景、文化和創新的寶藏

導語：大家好，我是XXX，歡迎收看今天的新聞節目。在今天的節目中，我們將帶您深入探索亞洲的一顆明珠——台灣。這個小島國家以其獨特的風景、豐富的文化和令人驚嘆的創新力量而聞名於世。讓我們一起開始這段難忘的旅程吧！

插播：影像穿插美麗的台灣風景、文化和科技創新場景。

主持人：台灣，坐落在東亞的西北太平洋上，被譽為亞洲最寶貴的寶藏之一。這個島國不僅擁有令人屏息的自然景觀，如壯麗的太魯閣峽谷、絕美的日月潭和令人讚嘆的台北101，還擁有豐富多樣的文化遺產。

插播：展示台灣的自然景觀和文化遺產。

主持人：台灣是一個多元且充滿活力的社會，融合了中國、日本和原住民文化的元素。從古老的寺廟和傳統的戲劇表演，到現代藝術和音樂展覽，這裡的文化氛圍讓人著迷。而每年的夜宴和燈節更是彩色繽紛、熱鬧非凡，吸引著無數遊客和攝影愛好者。

插播：展示台灣的文化活動和節慶場景。

主持人：但是，台灣不僅僅是風景和文化的天堂，它還是一個創新的引擎。台灣憑藉著其科技實力和創新能力，在世界舞台上贏得了傑出的聲譽。從半導體、資訊科技到綠能產業，台灣企業在全球市場上佔有重要地位。許多台灣初創企業也因其獨特的創意和創新而受到國際矚目。

插播：展示台灣的科技創新和初創企業場景。

2-7 實用的指令範本集

　　以下是一些推薦的網站資源，可以介紹或收集ChatGPT實用的指令範本集：

1. Hugging Face

　　Hugging Face是一個開源社區，提供各種自然語言處理工具和模型，包括ChatGPT。他們的網站上有許多ChatGPT的指令範本集，可以幫助用戶快速上手，並且可以進行自定義。　https://huggingface.co/

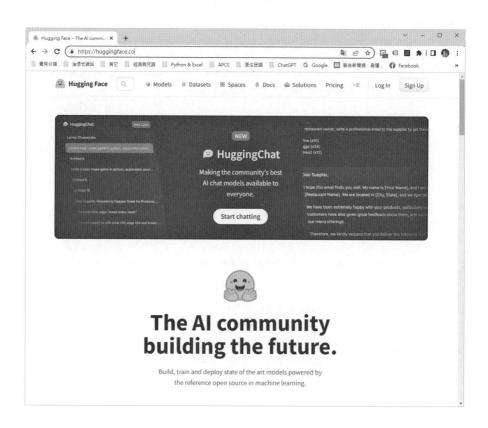

2. OpenAI

OpenAI是開發ChatGPT的公司之一，他們在網站上提供了許多有用的文檔和指令範本，包括如何使用OpenAI API、如何訓練自己的ChatGPT模型等。

https://openai.com/blog/openai-api

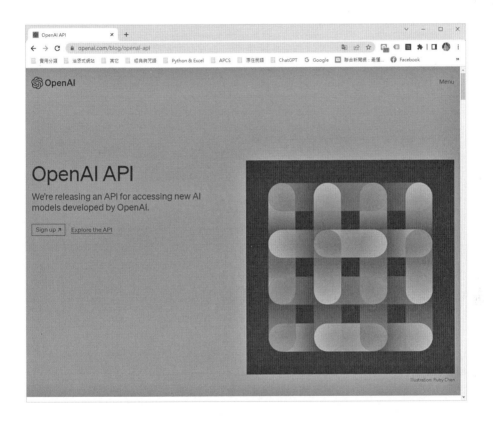

CHAPTER

2

3. GitHub

GitHub是一個開源社區，用戶可以在上面分享和下載開源項目。在GitHub上有許多ChatGPT相關的項目，包括訓練好的模型和指令範本集，用戶可以根據自己的需要進行下載和使用。 https://github.com/

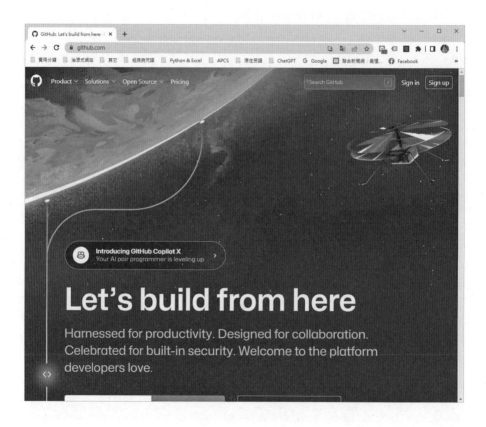

4. AI Dungeon

AI Dungeon是一個基於ChatGPT的文字冒險遊戲,他們提供了許多指令範本集,可以幫助用戶創建自己的故事,以及與ChatGPT進行交互和對話。

https://aidungeon.io/

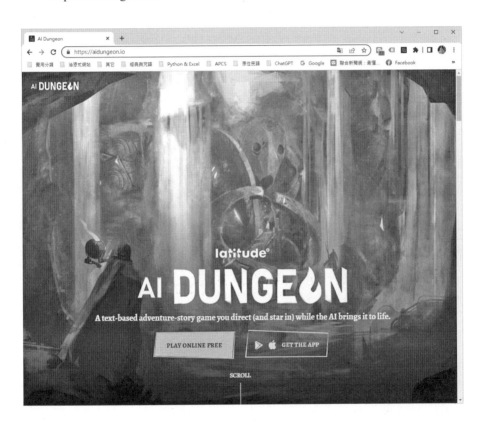

這些網站資源可以幫助用戶快速掌握ChatGPT的使用方法和技巧,並且提供了豐富的指令範本集,可以根據自己的需求進行修改和自定義。

CHAPTER

2

## 第三章

生活上 ChatGPT 應用實例

　　在現代社會，人們的生活越來越忙碌，有時候很難有時間去找到自己需要的資訊或是尋求幫助。ChatGPT便因此成為了一種很有用的工具，可以幫助人們處理各種事務，從健康諮詢到旅行助手，從美食指南到健身指導員，ChatGPT可以成為生活中的得力助手。在本章中，我們將介紹幾個生活上的ChatGPT應用實例，來看看聊天機器人在不同場景下如何發揮作用。

　　無論是在日常生活還是特定情況下，ChatGPT都可以為我們提供便利和支援。透過本章的介紹，我們可以更深入地了解ChatGPT的應用和優勢。

3-1 ChatGPT聊天機器人為什麼會在生活中很有用？

　　ChatGPT聊天機器人因其便捷性和高度個性化而成為了人們生活中的重要組成部分。聊天機器人在生活中非常有用的原因有以下幾點：

● 即時回應和便捷性：聊天機器人可以立即回答用戶的問題或提供所需的資訊，無需等待人工作業或搜索網頁。這種即時性和便捷性使得聊天機器人成為快速解決問題或取得資訊的理想選擇。

- 全天候可用性：聊天機器人可以全天候、無休止地提供服務。不論是在工作時間之外還是假日期間，人們都可以隨時與聊天機器人互動，獲得幫助和支持。

- 多領域知識和功能：聊天機器人可以涵蓋各個領域的知識和功能，從解答常見問題、提供產品或服務資訊，到提供天氣預報、訂單追蹤等功能。這使得人們可以從一個平台獲取多種資訊和服務，節省了尋找和切換不同應用的時間和精力。

- 個性化和互動性：一些聊天機器人具有個性化和互動性，它們能夠根據用戶的需求和偏好提供定制化的建議和服務。這種人機互動的體驗增加了用戶的參與感和滿意度。

- 自我學習和不斷改進：現代的聊天機器人往往基於人工智慧和機器學習技術，它們能夠自我學習和不斷改進。透過分析用戶的回饋和行為模式，聊天機器人可以提供更準確和個性化的回答和建議，逐漸優化用戶體驗。

3-2 日常事務幫手

　　ChatGPT可以在處理各種瑣碎的任務方面發揮重要作用，如預訂餐廳、訂購外賣、安排旅行行程等。在本節中，我們將介紹ChatGPT助手的常見用途以及它們如何幫助我們更輕鬆地處理日常事務。例如你想安排花東二日遊，就可以要求ChatGPT協助安排行程規劃。範例如下：

提問：

　　我從台北出發，請協助安排花東二日遊的旅行行程。

ChatGPT回答內容：

CHAPTER

3

TX　我從台北出發，請協助安排花東二日遊的旅行行程。

當然！以下是一個建議的花東二日遊行程：

第一天：
早上：

1. 從台北出發，搭乘高鐵或火車前往花蓮。
2. 抵達花蓮後，前往七星潭享受海灘和海景，放鬆心情。

中午：
3. 在花蓮市區品嚐當地特色小吃，例如花蓮米糕、花蓮麻糬等。

下午：
4. 前往太魯閣國家公園，探索其壯麗的峽谷、瀑布和步道。你可以選擇進行輕鬆的步行或挑戰更具挑戰性的登山路線。

傍晚：
5. 在太魯閣景觀咖啡館或餐廳享用晚餐，欣賞美麗的夕陽景色。

晚上：
6. 選擇在花蓮市區的溫泉酒店入住，放鬆身心並享受獨特的溫泉體驗。

第二天：
早上：

1. 早起享用美味的早餐後，前往花蓮市的松園別館，欣賞其優雅的園景和建築。

上午：
2. 前往花東縱谷，參觀綠色博物館，了解花東地區的農業和生態。

中午：
3. 在縱谷地區的農場或餐廳品嚐新鮮的農產品和美食。

　　另外，ChatGPT能夠為您量身打造一個完美的花東二日遊行程。請提供以下詳細資訊，以便ChatGPT就能夠為您提供更精確的建議和安排：

1.出發日期：請告訴我們您計畫出發的日期。

2. 旅行方式：您打算如何前往花東地區？是搭乘公共交通工具還是自駕遊？

3. 興趣和喜好：請告訴我們您對旅行的偏好，例如自然景觀、文化古蹟、美食體驗等。

4. 住宿需求：您有特定的住宿要求嗎？例如飯店、民宿或青年旅館。

5. 飲食限制：您是否有特殊的飲食需求或限制，例如素食、過敏源等。

6. 預算範圍：請告訴我們您的預算範圍，以便我們能夠在此範圍內進行規劃。

3-3 健康諮詢建議

　　ChatGPT可以提供各種醫療資訊和健康建議。在本節中，我們將介紹ChatGPT在健康諮詢方面的優點和如何使用ChatGPT來獲取專業的醫療建議。ChatGPT在健康諮詢方面具有以下優點：

●即時回答和可靠性：ChatGPT能夠即時回答使用者的健康相關問題，提供即時的諮詢和建議。這種即時性能夠幫助使用者在需要時獲取準確和可靠的健康資訊。

●匿名性和隱私保護：使用者可以在ChatGPT的平台上匿名提出問題，不必擔心隱私洩露的風險。這對於一些可能感到尷尬或不願意公開的健康問題來說是特別有益的。

●廣泛的知識庫：ChatGPT可以被設計為具有廣泛的健康知識庫，包括疾病症狀、預防措施、治療方法等。這使得使用者能夠獲得全面和全面的健康資訊，並且可以進行初步的自我診斷。

●個性化建議和追蹤：基於使用者的特定情況和需求提供個性化的健康建議。它們可以分析使用者提供的資料，如年齡、性別、症狀等，並根據這些資料給予相應的建議。此外，它們還可以提供追蹤功能，記錄使用者的健康數據和進展。

●提供線上資源和指南：ChatGPT可以爲使用者提供線上資源和指南，如
健康文章、視頻教學、飲食計畫等。這樣的資源能夠增加使用者對健康
議題的瞭解，並提供實用的指導和資訊。

　接下來我們就來使用ChatGPT來取得專業的醫療建議。範例如下：

提問：

　請以專業的家醫角色，提供如何改善泡泡尿的醫療建議。

ChatGPT回答內容：

　TX　請以專業的家醫角色，提供如何改善泡泡尿的醫療建議。

作為家庭醫生，針對泡泡尿（尿中出現泡沫）的情況，我提供以下醫療建議：

1. 健康生活習慣：泡泡尿可能與生活習慣有關，建議遵從以下健康習慣：
   * 適當飲水：確保每天攝取足夠的水分，保持良好的水平，以避免尿液濃縮。
   * 健康飲食：均衡飲食，限制高脂肪和高鹽食物的攝入，增加新鮮水果、蔬菜和全穀物的攝取。
   * 適度運動：定期進行適度的運動，有助於維持身體健康和泌尿系統的功能。
2. 減少泡沫形成的因素：一些因素可能會導致尿液中產生泡沫，建議減少以下因素的影響：
   * 強烈攪拌尿液：避免過度攪拌尿液，以減少產生泡沫的可能性。
   * 避免尿液滯留：定期排尿，避免長時間憋尿，以減少尿液滯留可能導致的泡沫形成。
3. 監測尿液變化：如果泡泡尿持續存在或伴隨其他症狀，請注意尿液的其他變化，例如顏色變化、血尿、頻尿等。如果有這些變化，建議尋求醫療專業人員的評估和建議。
4. 剖析可能的病因：泡泡尿有時可能是病理性的，與一些潛在的疾病有關，如腎臟疾病、尿路感染、蛋白尿等。如果泡泡尿持續存在且與其他症狀相關，請及時諮詢家庭醫生或尿液專科醫生，進行進一步評估和可能的檢查。

請注意，以上建議僅為參考，每個人的情況可能不同，如果您有特定的症狀或疑慮，請尋求專業醫療建議

CHAPTER

3

3-4 旅行規劃達人

　　ChatGPT可以為旅行者提供各種資訊和建議，例如飛行時間、當地天氣、景點資訊等。在本節中，我們將介紹ChatGPT在旅行方面的功能和優勢，以及如何使用ChatGPT來計畫完美的旅行行程。ChatGPT在旅行助手方面擁有許多功能和優勢，以下是一些常見的：

● 行程規劃：ChatGPT可以協助旅行者規劃行程，提供目的地的景點、活動和交通建議。它可以根據旅行者的偏好和預算，推薦最佳的行程安排。

● 交通指南：ChatGPT可以提供交通資訊，包括公共交通路線、交通工具選擇、票價和預估的行程時間。它可以幫助旅行者找到最方便和高效的交通方式。

● 飯店和住宿建議：ChatGPT可以推薦適合的飯店和住宿選項，根據旅行者的需求和預算。它可以提供房價比較、設施評論和預訂服務，幫助旅行者做出明智的住宿選擇。

● 當地資訊：ChatGPT可以提供當地的實用資訊，如天氣預報、當地習俗和文化、當地美食推薦等。它可以幫助旅行者更好地了解目的地，提供豐富的旅行體驗。

● 即時翻譯：ChatGPT具有即時翻譯功能，可以幫助旅行者克服語言障礙。它可以提供常用短語和單詞的翻譯，使旅行者能夠更輕鬆地與當地人溝通。

● 危機管理：在旅行中，ChatGPT可以提供危機管理和安全建議。它可以提供當地緊急聯繫資訊、警報和危機回應指南，幫助旅行者處理意外情況。

　　接下來我們就來使用ChatGPT為旅行者提供各種資訊和建議。範例如下：

提問：

> 我想去北京旅行五天，請協助提供旅行建議。包括：
> 行程規劃
> 交通指南
> 飯店和住宿建議
> 當地資訊

以下是**ChatGPT**的完整回答內容：

> 當然！以下是您去北京旅行五天的旅行建議：
>
> 行程規劃：
>
> 第一天：
>
> 上午：抵達北京，前往您的飯店辦理入住手續。
> 下午：參觀故宮，探索中國古代帝王的宏偉皇宮和珍貴文物。
> 晚上：在王府井大街品嚐當地的美食和購物。
> 第二天：
>
> 上午：遊覽天壇公園，欣賞古代皇帝祈福的場所和園林景觀。
> 下午：參觀頤和園，享受皇家園林的美景和古代建築。
> 晚上：漫步在北京的胡同區，體驗當地的文化和夜市美食。
> 第三天：

上午：參觀長城，您可以選擇前往八達嶺或司馬臨近的段落，欣賞壯觀的景色和古老的建築。

下午：參觀鳥巢和水立方，這些是2008年北京奧運會的標誌性建築。

晚上：欣賞京劇表演，體驗中國傳統戲劇藝術。

第四天：

上午：遊覽圓明園，欣賞這個曾被列為世界文化遺產的園林遺址。

下午：參觀國家博物館，了解中國的歷史和文化。

晚上：在三裡屯區享受夜生活，這是一個時尚的購物和娛樂區。

第五天：

上午：參觀雍和宮，一座壯麗的佛教寺廟。

下午：漫步在後海區，欣賞湖泊和古老的胡同風貌。

晚上：品嚐北京烤鴨，這是北京的傳統名菜之一。

交通指南：

從北京首都國際機場到市區，您可以選擇乘坐機場快速軌道、計程車或預訂接送服務。

在市區，您可以利用北京地鐵系統便捷地遊覽各個景點，也可以乘坐出租車或使用共用單車服務。

以下是一些在北京的飯店和住宿建議：

中央商務區（CBD）：這個地區擁有許多國際連鎖酒店和高級商務酒店，提供豪華的設施和便捷的交通連接。

王府井：這是一個繁華的商業區，擁有許多高檔酒店和豪華購物中心，是遊客的熱門選擇。

北海和後海區：這些地區位於市中心，有許多傳統風格的小旅館和客棧，提供獨特的住宿體驗，並且靠近許多景點。

三裡屯：這是一個時尚的區域，有許多時尚的酒店、時尚購物和餐飲場所，適合喜愛夜生活和現代文化的旅客。

北京站周邊：這個地區有許多中型和大型酒店，方便前往交通樞紐，也靠近許多著名景點。

當地資訊：

小布達拉宮：這是一個宏偉的宮殿，是世界上最大的藏傳佛教寺廟之一。

天安門廣場：這個廣場是中國的標誌性地標，是許多重要政治和文化活動的舉辦地點。

頤和園：這是一個古代皇家園林，擁有美麗的湖泊、花園和古老的建築。

北京大學：這是中國最古老的高等教育機構之一，擁有美麗的校園和歷史建築。

北海公園：這個公園擁有美麗的湖泊和傳統的建築，是一個放鬆和漫步的理想場所。

在計畫您的行程時，請確保查閱當地的旅遊資訊和遵守相關的旅遊建議。祝您在北京的旅程愉快！

3-5 美食指南推薦

ChatGPT可以幫助我們探索當地的美食文化，提供餐廳推薦和菜品評論。在本節中，我們將介紹ChatGPT在美食指南方面的功能和優勢，以及如何使用ChatGPT來尋找最好的餐廳和最美味的菜品。ChatGPT在美食指南方面具有許多功能和優勢，例如：

● 餐廳推薦：ChatGPT可以根據您的偏好和需求，推薦當地的餐廳。它可以提供餐廳的評價、菜單、價格範圍以及用戶評論，幫助您做出明智的用餐選擇。

● 美食資訊：ChatGPT可以提供關於各種美食的詳細資訊，包括當地特色菜、傳統食物和當地美食節慶活動。您可以了解食物的製作方式、歷史和文化背景，增加對當地美食的了解。

● 食譜和烹飪建議：ChatGPT可以提供各種美食的食譜和烹飪建議。如果您想在家中嘗試某種異國美食或特色菜，它可以提供步驟和技巧，讓您更加自信地嘗試新的烹飪體驗。

● 食物適應性：ChatGPT可以根據您的飲食需求和偏好，提供適合您的食物選擇。如果您有特殊的飲食要求，如素食、無麩質或過敏，它可以推薦適合的餐廳和菜單選項。

● 用餐建議：ChatGPT可以提供有關用餐的實用建議，包括用餐時間、預訂餐廳、用餐禮儀和當地的飲食習慣。這可以幫助您更好地享受美食文化，避免尷尬或不便的情況。

接下來我們就來使用ChatGPT來尋找最好的餐廳和最美味的菜品。範例如下：

提問：

請幫忙尋找高雄市美術館附近的美食餐廳和最美味的菜品。

ChatGPT回答內容：

TX　請幫忙尋找高雄市美術館附近的美食餐廳和最美味的菜品。

在高雄市美術館附近,您可以找到許多美食餐廳,以下是一些推薦的選項和他們的招牌菜品:

1. 鹽埕區:

* 阿美麵店:以高品質的手工麵條聞名,推薦菜品為擔仔麵和乾拌麵。
* 好樣本事:提供傳統台灣小吃和海鮮料理,推薦菜品為滷味和蚵仔煎。

2. 哈瑪星/五福/六合夜市:

* 捷成虎記:知名的大腸包小腸專賣店,以傳統台灣口味和豐富的配料聞名。
* 阿美麵店:這家分店也在夜市附近,繼續提供美味的擔仔麵和乾拌麵。

3. 中央公園/光榮碼頭:

* 漁人碼頭:位於光榮碼頭的海鮮餐廳,以新鮮的海鮮和精緻的烹飪技巧受到好評。
* 壽司郎:提供優質的壽司和日本料理,以新鮮的食材和精緻的壽司捲聞名。

4. 高雄蓮池潭:

* 飯塚屋日本料理:以道地的日本料理和壽司聞名,推薦菜品為新鮮的生魚片和烤魚。

這些餐廳僅為建議,您可以根據自己的口味和偏好做出選擇。在尋找美食時,不妨詢問當地居民或酒店人員的建議,他們通常會提供更多當地的秘密美食推薦。享受您在高雄市美術館附近的美食之旅!

3-6 健身指導專家

　　ChatGPT也可以為我們提供健身計畫、運動建議和營養指導。底下是ChatGPT作為健身指導員具有多項功能和優勢:

● 個人化計畫:ChatGPT可以根據您的目標、體能水準和時間限制,提供個人化的健身計畫。它會詢問您的目標是增肌、減脂、增強體能等,並根據您的需求設計適合您的運動計畫。

● 運動指導:ChatGPT可以提供各種運動指導和技巧,包括正確的動作、姿勢、訓練建議和休息時間。它可以解答您對特定運動或設備的疑問,並提供安全和有效的運動建議。

● 飲食建議：健康飲食對於達到健身目標至關重要，ChatGPT可以提供個性化的飲食建議。根據您的目標和營養需求，它可以推薦適合您的食物選擇和飲食計畫。

● 進度追蹤：ChatGPT可以幫助您追蹤和記錄運動進度，提供您的訓練記錄和統計數據。這樣您可以清楚地看到自己的進展，並根據需要進行調整和改進。

● 動力和支持：ChatGPT可以成為您的健身夥伴，給予您持續的動力和支持。它可以鼓勵您堅持訓練，提供激勵性的語句和健身心理的建議，讓您克服困難並保持積極的心態。

● 便捷性和即時性：ChatGPT隨時可用，您可以隨時進行交流和獲取健身指導。無需等待預約或參加班級，您可以根據自己的時間表進行運動指導和諮詢。

接著就來示範如何使用ChatGPT來實現健康的生活方式，範例如下：

提問：

我想強化膝蓋的力量，請協助提供各種運動指導和技巧。

ChatGPT回答內容：

## 第四章

學業上 ChatGPT 應用實例

　　ChatGPT已經成爲了人們生活和工作中不可或缺的一部分。在學業上，ChatGPT可以提供學習助手、程式撰寫助手、語言翻譯、寫作助手等多種功能，幫助學生更加高效地學習和完成任務。本章將介紹如何在學業上應用ChatGPT，以及相關的實例和操作步驟。

4-1 在學業上如何應用ChatGPT

　　ChatGPT具有優秀的語言理解和生成能力。在學業上，可以利用ChatGPT進行以下應用：

● 答疑解惑：當遇到學業上的問題或疑惑時，可以向ChatGPT提出問題，尋求答案和解釋。ChatGPT可以提供相關知識、定義、解釋和實例，幫助您理解學科的概念和原理。

● 寫作輔助：ChatGPT可以作爲寫作輔助工具，提供寫作建議、文法校正、表達方式和段落結構等方面的指導。您可以將自己的寫作內容提交給ChatGPT，獲得即時的反饋和改進建議。

● 研究和資料收集：ChatGPT可以提供相關主題的研究資料和學術文獻建議，幫助您進行資料收集和文獻回顧。您可以向ChatGPT提出關於特定主題的問題，它可以提供相關的研究資源和參考文獻。

● 學習導向：ChatGPT可以成爲您的學習導向，提供學習計畫、學習資源

和學習策略建議。您可以與ChatGPT進行對話，討論學習目標、時間管理、學習方法等方面，以提升學業表現和效率。

● 測驗準備：ChatGPT可以提供測驗準備的指導和資源。您可以與ChatGPT討論測驗的題型、解題技巧、考試注意事項等，以提高自己的準備和應試能力。

然而，請注意ChatGPT僅能提供一般性的知識和指導，並不替代專業的教育和指導。在學業上，還是建議尋求專業老師、教授或同學的幫助，並遵循正確的學習方法和指導。

接下來我們就來使用ChatGPT來取得測驗準備的建議。範例如下：

提問：

我想報考TOEIC檢定，請協助提供測驗準備的指導和資源。

ChatGPT回答內容：

4-2 協助課業學習

ChatGPT也可以回答學生提出的問題、提供學習建議、以及解決學習中遇到的問題。例如我們可以使用ChatGPT來協助解二元一次數學方程式。要解這個二元一次方程組，可以使用消元法或代入法。

輸入問題：

解二元一次方程式5x+3y=26　5x-3y=14

ChatGPT回答畫面：

TX　解二元一次方程式 5x+3y=26 5x-3y=14

要解決這個二元一次方程組，可以使用消去法或代入法。這裡我們將使用消去法：

將兩個方程式相減，以消去變數 x：

$(5x + 3y) - (5x - 3y) = 26 - 14$

$5x - 5x + 3y + 3y = 12$

$6y = 12$

$y = 12 / 6$

$y = 2$

將求得的 y 值代入其中一個方程式，以求得 x：

$5x + 3(2) = 26$

$5x + 6 = 26$

$5x = 26 - 6$

$5x = 20$

$x = 20 / 5$

$x = 4$

所以，該方程組的解為 x = 4，y = 2。

4-3 自動撰寫程式與說明文件

ChatGPT也是一種能夠回答程式撰寫問題、提供程式撰寫語言相關知識的聊天機器人。使用ChatGPT技術，可以實現對多種程式撰寫語言的支持，幫助學生更加高效地學習程式撰寫知識。例如我們可以請ChatGPT程式作業的協助，假設各位被要求以任意程式語言實作九九乘法表，各位可以輸入如下的提示（Prompt）：

請以任何一種程式語言幫忙寫一支九九乘法表的程式

如果可以要取得這支程式碼，還可以按下回答視窗右上角的「Copy code」鈕，就可以將ChatGPT所幫忙撰寫的程式，複製貼上到程式碼編輯器去執行。

　　我們還可以要求同一支程式改用不同的程式語言。各位可以輸入如下的提示（Prompt）：

請改用C++程式語言去實作同一支程式

TX　　請改用C++程式語言去實作同一支程式

　　當然！以下是使用C++編寫的九九乘法表程式：

```cpp
#include <iostream>

int main() {
    for (int i = 1; i <= 9; i++) {
        for (int j = 1; j <= 9; j++) {
            int result = i * j;
            std::cout << i << " * " << j << " = " << result << std::endl;
        }
        std::cout << std::endl;
    }

    return 0;
}
```

這段程式碼的邏輯和前面使用Python的版本非常相似。我們使用兩個巢狀的for迴圈來遍歷九九乘法表的行和列。在內部的迴圈中，我們將兩個數字相乘得到結果，然後使用`std::cout`輸出結果。每一行的數字相乘運算完成後，我們插入一個換行符號，以區分不同的行。

執行這段程式碼，你將會看到九九乘法表的結果輸出到終端上。

　　如果再問一次如下的提示（Prompt）：

請以任何一種程式語言幫忙寫一支九九乘法表的程式

可能會得到不同程式語言的實作結果，如下圖爲JavaScript的九九乘法表：

TX　請以任何一種程式語言幫忙寫一支九九乘法表的程式

當然！以下是使用JavaScript編寫的九九乘法表程式：

```javascript
for (let i = 1; i <= 9; i++) {
  let row = '';
  for (let j = 1; j <= 9; j++) {
    const result = i * j;
    row += `${i} * ${j} = ${result}\t`;
  }
  console.log(row);
}
```

這段程式碼使用了兩個嵌套的for迴圈，分別用於遍歷乘法表的行和列。在內部的迴圈中，我們將兩個數字相乘得到結果，並將其附加到`row`變數中。我們使用制表符(`\t`)將每個結果之間分隔開來，以在輸出時對齊數字。每一行的數字相乘運算完成後，我們使用`console.log`函式輸出該行。

執行這段程式碼，你將會在瀏覽器的開發者工具的控制台中看到九九乘法表的結果。如果你希望在網頁上顯示結果，你可以將`console.log(row)`改為操作HTML元素的方法，將結果插入到網頁上的特定區域。

各位也可以輸入如下的提示（Prompt），

請用Markdown生成說明文件

Markdown是一種輕量級的標記語言，設計用於簡單且易於閱讀的純文本格式編寫。它的目標是讓人們能夠以最小的干擾進行編寫，同時能夠

轉換為有效的HTML文件。例如下圖就是讓ChatGPT自動利用Markdown
標記語言產生說明文件。

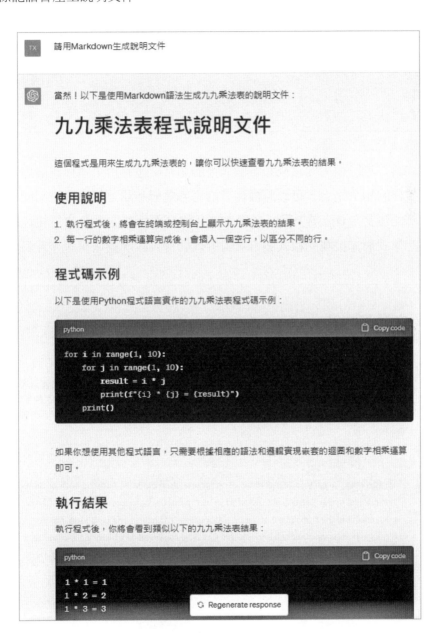

4-4 國際語言翻譯

　　ChatGPT可以實現多種語言之間的翻譯，提供準確、快速的翻譯服務，幫助學生更好地學習和交流。本節將介紹使用ChatGPT實現語言翻譯的應用實例。說明如下：

提問：

> 請將以下的文章翻譯成英文。
>
> 程式語言是一種人類用來和電腦溝通的語言，也是用來指揮電腦運算或工作的指令集合，可以將操作者的思考邏輯和語言轉換成電腦能夠瞭解的語言。C稱得上是一種歷史悠久的高階程式語言，也往往是現代初學者最先接觸的程式語言，對近代的程式設計領域有著非凡的貢獻。

ChatGPT回答內容：

 請將以下的文章翻譯成英文。
程式語言是一種人類用來和電腦溝通的語言，也是用來指揮電腦運算或工作的指令集合，可以將操作者的思考邏輯和語言轉換成電腦能夠了解的語言。C稱得上是一種歷史悠久的高階程式語言，也往往是現代初學者最先接觸的程式語言，對近代的程式設計領域有著非凡的貢獻。

 Programming languages are a means of communication between humans and computers. They consist of a set of instructions used to command the computer for computation or tasks, enabling the translation of the operator's logical thinking and language into a language that computers can understand. C can be regarded as a historically significant high-level programming language and is often the first language that beginners in the modern era encounter. It has made remarkable contributions to the field of modern programming design.

4-5 專文寫作幫手

　　ChatGPT不僅可以提供寫作建議，還能夠協助學生提升其寫作水準。下面是一些使用ChatGPT來獲得寫作幫助的實例：

● 文章結構和組織：學生可以提供他們的寫作大綱或初稿，然後請求ChatGPT提供改進結構和組織的建議。ChatGPT可以提供重新排列段落或建議添加過渡詞句的建議，以使文章的邏輯更加清晰。

● 詞彙和用法：ChatGPT可以幫助學生選擇更準確、恰當的詞彙，以增強他們的寫作表達。學生可以提供特定的句子或段落，並請求ChatGPT提供同義詞或更具語氣的詞彙替換建議。

● 文法和拼寫檢查：ChatGPT可以檢查文法和拼寫錯誤，並提供相應的更正建議。學生可以將他們的寫作內容提交給ChatGPT，並從中獲得有關錯誤修正的指導。

● 引用和參考資料：學生可以請求ChatGPT提供有關引用和參考資料的建議。ChatGPT可以幫助學生生成正確格式的引文，或提供相關的學術資源，以支持他們的寫作內容。

● 寫作風格和聲音：ChatGPT可以提供有關寫作風格和聲音的建議，以使學生的寫作更具個人特色。學生可以請求ChatGPT提供寫作風格上的改進建議，例如增加形象語言或調整語調。

　　使用ChatGPT作為寫作助手，學生可以獲得更多關於結構、用詞、文法和風格方面的指導，從而提高他們的寫作水準並完成更出色的寫作任務。本節將介紹如何使用ChatGPT提供寫作幫助的實例。

4-5-1 對話範例：生成專題報告

輸入問題：

　　請摘要一篇200字以內分析電動車優劣的專題報告。

ChatGPT回答畫面：

 請摘要一篇200字以內分析電動車優劣的專題報告。

標題：電動車優劣分析報告

本報告對電動車的優劣進行了分析。電動車的優點包括環保和永續性，能源效率高，以及低運行成本。電動車的零排放特性有助於減少尾氣和碳排放，對環境有積極影響。其高能源利用效率意味著可以行駛更長的里程，減少能源浪費。此外，電動車的運行成本相對較低，且享受稅收減免和補貼政策的優惠。然而，電動車也存在一些缺點。充電基礎設施不完善是一大挑戰，尤其在發展中國家和地區。此外，電動車的充電時間相對較長，且一些消費者對充電站的可及性和里程焦慮抱有疑慮。總體而言，電動車在環保和節能方面具有明顯優勢，但需要解決充電基礎設施問題以提升使用便利性。

4-5-2 對話範例：生成商品推薦的官方電子郵件

輸入問題：

　　請幫忙寫一封商品推薦的官方電子郵件，商品資訊如下：

　　數位新知雲端創新學院包含相當豐富多元的課程，例如APCS、人工智慧、演算法、資料結構、影像處理、大數據、電競與遊戲設計、電子商務、網路行銷等現代資訊社會必備的所有課程。

　　研發公司：數位新知有限公司

　　公司官網：https://digital.zct.com.tw/

　　聯絡窗口：鄭苑鳳小姐

ChatGPT回答畫面：

請幫忙寫一封商品推薦的官方電子郵件，商品資訊如下：
數位新知雲端創新學院包含相當豐富多元的課程，例如APCS、人工智慧、演算法、資料結構、影像處理、大數據、電競與遊戲設計、電子商務、網路行銷等現代資訊社會必備的所有課程。
研發公司：數位新知有限公司
公司官網：https://digital.zct.com.tw/
聯絡窗口：鄭苑鳳小姐

 主旨：數位新知雲端創新學院－豐富多元的課程推薦

親愛的客戶，

我們很榮幸向您介紹數位新知雲端創新學院，這是一個包含相當豐富多元課程的學習平台，致力於提供現代資訊社會所需的各種技能培訓。無論您是對程式設計、人工智慧、資料科學、影像處理還是網路行銷等領域感興趣，我們的課程都能滿足您的需求。

數位新知雲端創新學院由研發公司數位新知有限公司運營，我們在教育領域擁有豐富的經驗和專業知識。您可以在我們的官網上獲得更多相關資訊，請點擊以下連結：

https://digital.zct.com.tw/

以下是一些我們推薦的課程：

1. APCS（Advanced Placement Computer Science）：這門課程專注於教授計算機科學的基本概念和程式設計技巧，為學生打下堅實的計算機基礎。
2. 人工智慧（Artificial Intelligence）：這門課程介紹了人工智慧的基本原理和應用，幫助學生了解機器學習、深度學習和自然語言處理等領域的知識。
3. 演算法（Algorithms）與資料結構（Data Structures）：這兩門課程教授了常見的演算法和資料結構，幫助學生提升解決問題的能力和編程效率。

4-5-3 對話範例：生成IG文章

輸入問題：

　　請以繁體中文寫出5個引人感興趣有關ChatGPT新書上市的Instagram post標題

ChatGPT回答畫面：

請以繁體中文寫出5個引人感興趣有關ChatGPT 新書上市的Instagram post標題

1. "ChatGPT全新力作震撼上市！揭開人工智慧語言之謎！"
2. "ChatGPT跨界登場！探索AI與文字交流的奇幻世界！"
3. "狂熱追蹤者必看！ChatGPT最新書籍正式上架！"
4. "ChatGPT新書盛大登場！解鎖AI溝通的無限可能！"
5. "ChatGPT全新一冊即將問世！深入AI語言智慧的迷人之旅！"

輸入問題：

請寫出"ChatGPT全新一冊即將問世！深入AI語言智慧的迷人之旅！"的Instagram post內文

ChatGPT回答畫面：

請寫出 "ChatGPT全新一冊即將問世！深入AI語言智慧的迷人之旅！"的Instagram post內文

📚✨ChatGPT全新一冊即將問世！深入AI語言智慧的迷人之旅！✨📚

親愛的朋友們，我們非常興奮地宣布，ChatGPT即將推出全新一冊！這本書將引領您進入AI與語言交流的令人著迷世界。

書中將揭示ChatGPT的無限潛能，以及在人工智慧的引導下，語言如何逐漸進化和改變我們的生活。無論您是科技愛好者、文學迷還是對人工智慧有興趣的讀者，這本書都將帶給您驚喜和啟發。

在這場迷人之旅中，您將深入瞭解ChatGPT的背後工作原理、獨特的訓練方式以及它如何成為一個真正的語言伴侶。您將發現AI如何學習語言、理解語境並提供個性化的回應，使對話更加流暢和自然。

這本書不僅是一個窺探AI未來的窗口，也是您與ChatGPT更深層連結的機會。我們相信，透過這本書，您將對AI的潛力有更深刻的體會，並體驗到ChatGPT所帶來的無盡驚喜。

敬請期待我們新書的問世！請在留言中告訴我們，您對這本書有哪些期待和好奇之處。我們迫不及待想與您分享這場語言智慧之旅！

#ChatGPT #AI智慧 #語言交流 #新書上市 #期待不已

4-5-4 對話範例：生成部落格文章

輸入問題：

請寫一篇標題「科技和創新」的部落格文章。

ChatGPT回答畫面：

TX ｜ 請寫一篇標題「科技和創新」的部落格文章。

標題：科技和創新：探索改變世界的新興技術

科技和創新一直是推動社會進步和改變的關鍵因素。隨著科技的迅速發展和新興技術的出現，我們正處於一個充滿無限潛力和可能性的時代。本文將探索幾項改變世界的新興技術，讓我們一起來看看它們如何改變我們的生活。

1. 人工智慧（AI）和機器學習：人工智慧正以驚人的速度在不同領域發揮作用。從自動駕駛汽車到智能語音助手，從醫療診斷到金融預測，人工智慧的應用讓我們的生活更加便利和高效。
2. 區塊鏈技術：區塊鏈作為一種去中心化的數據儲存和交換技術，正在改變金融業務、供應鏈管理和數字資產交易等領域。它提供了更高的安全性和透明度，並推動了去中心化和去信任的商業模式的興起。
3. 3D列印技術：3D列印技術的快速發展使我們能夠以前所未有的方式製造物品。從醫療領域的器官再生到建築業的建築結構，3D列印為設計和製造帶來了無限可能性。
4. 虛擬現實（VR）和擴增現實（AR）：虛擬現實和擴增現實技術正在改變我們與數字世界互動的方式。從遊戲和娛樂到教育和訓練，VR和AR為我們帶來了身臨其境的體驗和增強的現實感。

## 第五章

職場上 ChatGPT 應用實例

　　隨著人工智慧技術的迅猛發展，ChatGPT在職場中扮演著日益重要的角色。它能夠幫助企業提高效率、降低成本，同時增強客戶體驗等方面帶來實際價值。本節將介紹ChatGPT在職場上的應用案例，以及它們如何為企業帶來實質的好處。

5-1 在職場上如何應用ChatGPT

　　ChatGPT在職場上的應用越來越普及。它可以幫助企業提高工作效率，減少工作負擔。以下是一些應用場景：

● 客戶服務：ChatGPT可以用於處理客戶的查詢和問題。它可以快速回答常見問題，提供有關產品或服務的資訊，或引導客戶完成特定的任務。

● 內部支援：ChatGPT可以成為內部員工的一個支援工具。它可以回答關於政策、流程和內部資源的問題，幫助員工解決日常的疑惑。

● 團隊協作：ChatGPT可以在團隊內部用於協作和知識共用。團隊成員可以向ChatGPT提出問題，獲取相關資訊和建議，以提高效率和準確性。

● 招聘和面試：ChatGPT可以協助人力資源部門處理招聘和面試的相關問題。它可以回答應聘者的常見問題，提供有關公司文化、職位要求和福利待遇的資訊。

● 培訓和學習：ChatGPT可以成為培訓和學習的輔助工具。它可以提供員

工培訓的資源、解答培訓材料中的問題，或提供進一步學習的建議。

　　本小節將介紹ChatGPT在職場上的應用場景和實例，讓您了解如何利用它們來提高工作效率。例如各位可以要求ChatGPT針對職務的工作屬性自動生成面試題目。您只要提供足夠的資訊表明自己的身分與現有的狀態，就可以請ChatGPT提供一些可能在面試過程中會問到的題目。例如目前的求職身分是學生、社會新鮮人、剛退伍、上班族、中高齡求職等。接下來就直接以實例爲各位示範如何取得ChatGPT生成的可能面試題目。

提問：

　　你現在是一家語言線上教學軟體公司的面試官，我的身分是大學剛畢業的新鮮人，擁有英語及日語聽說讀寫的專長，請給我在應徵語言翻譯工作職務面試時最常見的10個問題。

TX　你現在是一家語言線上教學軟體公司的面試官，我的身分是大學剛畢業的新鮮人，擁有英語及日語聽說讀寫的專長，請給我在應徵語言翻譯工作職務面試時最常見的10個問題。

🅢　作為一家語言線上教學軟體公司的面試官，我將提供您在應徵語言翻譯工作職務時最常見的10個問題。這些問題旨在評估您的語言能力、翻譯技巧以及與語言相關的工作經驗。以下是可能的問題：

1. 能否介紹您的英語和日語語言能力程度？您熟練的程度如何？
2. 請分享您的翻譯經驗，特別是在英語和日語之間的翻譯領域。
3. 在進行翻譯工作時，您如何確保準確性和文化適應性？
4. 描述一個您在翻譯過程中遇到的難題，以及您是如何處理它的？
5. 您在翻譯領域中使用的工具和資源是什麼？例如，CAT工具、辭典或線上資源等。
6. 在進行翻譯時，您如何處理專有名詞、行業術語或文化隱喻等特殊情況？
7. 您是否擁有跨文化溝通的經驗？請分享一個相關的案例。
8. 請描述您的時間管理和組織能力，特別是在面對多個翻譯項目或截止日期緊迫的情況下。
9. 在翻譯過程中，您如何確保保密性和敏感性的問題？
10. 給您一個實際的翻譯任務，您將如何處理和解決這個任務？

這些問題旨在評估您的語言技能、翻譯經驗以及相關的職業素養。在回答時，請提供具體的例子和情境，以展示您的能力和適應力。準備充分並展現您的翻譯專業知識和潛力，將有助於在面試中脫穎而出。祝您順利！

我們還可以要求ChatGPT針對上述面試問題模擬一問一答的情境，以作為您實際面試時的回答參考。

提問：

你是面試官，請模擬面試的情境，一題一題問我。

TX　你是面試官，請模擬面試的情境，一題一題問我。

當然，我可以進行模擬面試並一題一題地問您。請注意，這只是一個模擬情境，我將根據您的回答提供相應的追問。請儘量以真實的方式回答問題。我們現在開始：

面試官：您好，謝謝您來參加我們的面試。首先，請介紹一下您的英語和日語言語言能力程度，您熟練的程度如何？

您的回答：我擁有英語和日語的聽說讀寫能力。在英語方面，我曾經在大學期間修讀相關課程並通過英語能力測試。至於日語，我在大學期間選修了多門日語課程，並且有一年的留學經驗在日本。我自認在這兩種語言上有相當程度的熟練度。

面試官：謝謝您的回答。接下來，請分享一下您的翻譯經驗，特別是在英語和日語之間的翻譯領域。

您的回答：在大學期間，我參與了一個翻譯社團，我們專注於將英文小說翻譯成日文以供日本讀者閱讀。這次經驗讓我學習到如何在不同語言和文化之間保持準確性和流暢度。此外，在留學期間，我也在一家跨國公司實習，負責英日文件的翻譯和口譯工作。這讓我熟悉商業和法律相關的翻譯領域。

面試官：很棒！在進行翻譯工作時，您如何確保準確性和文化適應性？

您的回答：確保準確性和文化適應性是翻譯工作中的關鍵。我會仔細研究原文的意思，並努力在翻譯過程中保持準確性。同時，我會考慮目標語言的文化背景和讀者的需求，適應不同的文化觀點和表達方式，以確保譯文在目標語

TX　繼續

言中具有適切性和流暢度。我會根據上下文和文化背景做出適當的選擇，使用相應的詞彙和語法結構，以使譯文更貼近目標讀者的理解和接受程度。此外，我會不斷學習和研究目標語言和文化，以保持自己的翻譯技能和知識更新。

面試官：非常好，謝謝您的回答。接下來，請描述一個您在翻譯過程中遇到的難題，以及您是如何處理它的？

您的回答：在一次翻譯任務中，我遇到了一個包含特殊行業術語的文件。這些術語在目標語言中並沒有直接對應的詞彙，因此我需要在確保準確性的同時找到最適合的翻譯方式。我首先進行了詳細的研究，查閱相關專業資料和線上資源，以了解這些術語的含義和常用翻譯方式。然後，我與專業人士進行了交流，請教他們對於這些術語的理解和建議。最終，我根據資料和專業意見做出了最適合的翻譯選擇，並通過反饋和修訂來不斷改進譯文。

面試官：很棒的應對方法！在翻譯領域中，您使用哪些工具和資源？

您的回答：在翻譯工作中，我常常使用電子辭典、CAT工具（電腦輔助翻譯工具）和翻譯記憶庫。電子辭典可以幫助我查找詞彙、釐清詞義和確認用法。CAT工具可以幫助我提高效率，重複利用之前的翻譯段落和術語庫。翻譯記憶庫則是保存了之前翻譯的內容，可以提供一致性和統一性。此外，我也會使用在線資源和翻譯社群來查找相關資訊和尋求專業意見。

5-2 全天候客戶服務

　　聊天機器人在客戶服務方面的應用越來越廣泛。它們可以提供全天候的服務，並且能夠自動解答一些常見問題，讓客戶得到更好的體驗。ChatGPT在客戶服務中具有以下功能：

- 快速回答常見問題：ChatGPT可以迅速回答客戶提出的常見問題，例如產品特性、價格、售後服務等。這有助於節省客戶等待時間並提供即時的支援。

- 提供產品或服務資訊：客戶可能對產品或服務的細節、規格或使用方法感到困惑。ChatGPT可以提供相關的資訊，幫助客戶更好地了解並做出適切的選擇。

- 處理簡單的交易和任務：有時客戶可能需要執行一些簡單的交易或任務，如訂購產品、更改訂單地址等。ChatGPT可以協助客戶完成這些任務，提供指導並處理必要的步驟。

- 引導客戶解決問題：當客戶遇到問題時，ChatGPT可以引導客戶解決問題的步驟或提供相關的解決方案。這可以節省客戶與客戶服務代表溝通的時間，提供即時的支援。

- 轉接到人工代表：如果客戶的問題超出了ChatGPT的能力範圍，聊天機器人可以將客戶轉接到人工代表處理。這樣可以確保客戶得到更專業和個性化的支援，同時提供無縫的轉接過程。

- 學習客戶偏好：ChatGPT可以透過與客戶的互動學習客戶的偏好和需求。它可以記錄和分析對話，以提供更個性化和精確的服務，進一步提升客戶體驗。

　　ChatGPT技術在客戶服務中的功能可以提供即時且一致的支援，減輕客戶服務代表的工作負擔，並提高客戶滿意度。

　　例如企業可以要求ChatGPT生成客戶服務常見問題集。只要提供適當的公司背景資料，就可以要求ChatGPT生成常見問題集列表。請參考下例

的示範：

提問：

　　你現在是一家語言線上教學軟體公司的客服人員，你的主要工作就是回答客戶最可能會詢問的問題，請幫忙列出至少10個常見問題集及建議回答方式。

> TX　你現在是一家語言線上教學軟體公司的客服人員，你的主要工作就是回答客戶最可能會詢問的問題，請幫忙列出至少10個常見問題集及建議回答方式。
>
> 　　當然，以下是一些常見的問題集及建議的回答方式，這些問題可能與語言線上教學軟體有關：
>
> 1. 問題：我可以在你們的平台上學習哪些語言？
>   回答：我們的平台提供多種常用語言的學習課程，包括但不限於英語、西班牙語、法語、德語和中文等。您可以在我們的網站上查看完整的語言列表。
> 2. 問題：你們的課程有多長？
>   回答：我們的課程長度因語言和學習目標而異。一般來說，我們的課程包含多個階段或單元，每個階段的學習時間視學習者的進度而定。您可以在每個課程的說明中找到更詳細的時間估計。
> 3. 問題：我需要先備什麼知識才能開始課程？
>   回答：大部分課程不需要先備特定的知識。我們的課程設計為從入門到進階，並針對不同程度的學習者提供適合的內容。如果有特定的先備知識要求，我們將在課程描述中明確說明。
> 4. 問題：我可以自由安排上課時間嗎？
>   回答：是的，我們的課程採用自主學習模式，您可以根據自己的時間表安排上課時間。我們提供錄製的課程內容，您可以隨時隨地在您方便的時間學習。
> 5. 問題：課程是否有教師指導？
>   回答：是的，我們的課程提供教師指導。您可以與教師進行線上交流、提問和練習。我們相信教師的指導對於語言學習的進步非常重要。
> 6. 問題：課程的價格是多少？
>   回答：我們的課程價格因語言、課程長度和學習方案而異。您可以在我們的網站上查看具體的課程價格和訂閱選項，我們也提供免費試用

> TX　繼續
>
> 7. 問題：我可以在課程期間隨時取消訂閱嗎？
>   回答：是的，您可以隨時取消訂閱我們的課程。我們提供靈活的訂閱計劃，讓您按需訂閱和取消。請注意，取消訂閱後，您將不再享受訂閱期間的學習和教師指導。
> 8. 問題：課程有提供測試或證書嗎？
>   回答：我們的課程可能包含測試或評估，以幫助您評估自己的進步和學習成果。此外，我們也提供完成課程後的證書，以供您在履歷或學習記錄中使用。具體的測試和證書詳情將在課程描述中說明。
> 9. 問題：我可以在課程中與其他學習者互動嗎？
>   回答：是的，我們的平台提供與其他學習者互動的機會。您可以參加討論區、線上群組或虛擬課堂，與其他學習者交流、分享學習心得和練習語言技能。
> 10. 問題：我可以在多台裝置上使用你們的課程嗎？
>   回答：是的，您可以在多台裝置上使用我們的課程。我們的平台支援桌面電腦、筆記型電腦、平板電腦和智慧型手機等多種裝置。您只需使用您的帳號登錄，即可在不同裝置上同步存取課程內容。
>
> 希望以上回答能對您有所幫助。如果您有其他問題或需要進一步協助，請隨時告訴我們。

5-3 人力資源管理

　　ChatGPT可以幫助企業自動化一些人力資源管理的工作，例如招聘、培訓等。這樣可以節省企業的時間和費用，同時提高招聘效率。ChatGPT在人力資源管理中具有以下功能：

● 招聘和求職支援：ChatGPT可以回答求職者關於招聘流程、職位要求和申請程式等方面的問題。它可以提供有關公司文化、福利待遇和職業發展機會的資訊，幫助求職者做出更好的決策。

● 員工培訓和發展：ChatGPT可以提供員工培訓和發展方面的支援。它可以回答員工關於培訓課程、學習資源和進一步發展的問題，提供相關的資訊和建議。

● 內部政策和程序解答：ChatGPT可以回答員工對內部政策、流程和程序的疑問。它可以提供公司政策手冊、假期申請程序、員工福利計畫等方面的資訊，幫助員工理解和遵守公司規定。

● 員工獎勵和福利解釋：ChatGPT可以協助解釋員工獎勵計畫和福利待遇。它可以提供關於薪資、獎金、福利包裝和退休計畫等方面的資訊，幫助員工理解他們的獎勵和福利。

● 員工反饋和投訴處理：ChatGPT可以接收員工的反饋和投訴，並提供相關的指導和建議。它可以引導員工提交反饋表單、聯繫相關部門或提供解決問題的步驟。

● 組織文化和價值觀傳達：ChatGPT可以幫助傳達組織的文化和價值觀。它可以回答關於公司使命、願景、核心價值觀等方面的問題，幫助員工更好地理解和適應組織文化。

　　ChatGPT聊天機器人在人力資源管理中可以提供即時的支援和資訊，幫助解答員工的疑問，提供準確和一致的資訊，並提高員工滿意度和參與度。

　　以下是一個實際的例子，展示如何使用ChatGPT在人力資源管理中提問：

員工：我想知道我有多少年假天數？

ChatGPT：您的年假天數取決於您的在職年限。請提供您的入職日期，我將查詢相關資訊並回答您。

員工：我在2019年7月1日入職。

ChatGPT：感謝提供資訊。根據公司政策，您在入職後的首年將獲得5天年假。從您的入職日期計算，您已在公司工作了3年，因此您目前有15天的年假天數。

員工：謝謝您的回答。還有其他福利我可以查詢嗎？

ChatGPT：當然！請告訴我您想了解的福利項目，例如醫療保險、退休計劃、子女教育補助等，我將提供相關資訊給您。

員工：我想了解退休計畫的相關資訊。

ChatGPT：公司提供401(k)退休計畫，這是一種稅前儲蓄計畫，讓您以工資的一部分進行自願儲蓄，並享受稅收優惠。公司會提供配對捐助，匹配比例為您的自願儲蓄金額的50%，上限為您工資的6%。該計畫還提供投資選擇，以便根據您的偏好進行投資。請注意，退休計畫的具體細節可能因個人情況而略有不同，建議您與人力資源部門聯繫以獲得個人化的建議。

員工：感謝您的解答！

　　在這個例子中，員工透過ChatGPT提問有關年假天數和退休計畫的問題。ChatGPT根據員工提供的資訊回答了這些問題，提供了相關的資訊和指導。這樣的聊天機器人可以為員工提供即時的支援和解答，節省了他們尋找和等待人工支援的時間。

5-4 商品行銷小編

　　ChatGPT在銷售方面的應用也越來越廣泛。它可以幫助企業與潛在客戶進行即時互動，解答客戶問題，增強客戶體驗。本單元將介紹如何利用ChatGPT發想產品特點、關鍵字與標題，並利用ChatGPT撰寫FB、IG、Google、短影片文案，以及如何利用ChatGPT發想行銷企劃案。

　　本章例子將示範如何活用ChatGPT撰寫行銷文案，主要目的是要以「數位新知雲端創新學院」為例完整示範如何請ChatGPT撰寫行銷文案。

https://digital.zct.com.tw/

5-4-1 利用ChatGPT摘要產品特點

　　產品特點、關鍵字與標題的設計對於任何產品的成功都具有重要性。透過精心選擇的特點、有力的關鍵字和吸引人的標題，企業可以有效

地吸引目標客群的注意力,建立品牌形象並增加銷售量。在本小節中,我們將探討如何運用ChatGPT來發想具有獨特特點、關鍵字和標題的產品,以提升其競爭力和市場吸引力。透過這些策略和方法,企業可以建立出令人印象深刻且具有吸引力的產品形象,從而在競爭激烈的市場中脫穎而出。

● 請教ChatGPT行銷產品的摘要特點

提問:

> 請簡介數位新知雲端創新學院(https://digital.zct.com.tw/)

回答畫面:

TX　請簡介數位新知雲端創新學院(https://digital.zct.com.tw/)

數位新知雲端創新學院是一個專注於數位創新和雲端技術的學習平台。該學院提供廣泛的課程和培訓,旨在幫助學員掌握最新的數位科技趨勢和工具,並培養他們在數位領域的專業能力。

在數位新知雲端創新學院的網站上,學員可以找到各種不同主題的課程,包括但不限於數位行銷、資料分析、人工智慧、雲端運算和網站開發等。這些課程由經驗豐富的業界專家和教育專家設計,以確保學習內容的實用性和專業性。

這個學院的特色之一是他們的雲端學習平台,這讓學員可以隨時隨地進行自主學習,根據自己的進度和時間安排進行學習。這個平台提供了豐富的學習資源,包括影片教學、數位教材和線上討論區,讓學員能夠更深入地理解和應用所學的知識。

數位新知雲端創新學院的目標是培養學員在數位領域的創新思維和實踐能力,並提供他們所需的技能和知識來應對快速變化的數位經濟。無論是想要進一步發展自己的職業生涯,還是希望開拓數位創業的人士,這個學院都提供了相應的學習和培訓課程,幫助他們實現目標。

如果您有興趣進一步了解數位新知雲端創新學院,可以訪問他們的官方網站(https://digital.zct.com.tw/),了解更多關於課程內容、學習方式和報名等相關資訊。

CHAPTER

5

● 找出賣點的關鍵字

提問：

> 請列出數位新知雲端創新學院的幾個重要關鍵字

回答畫面：

 請列出數位新知雲端創新學院的幾個重要關鍵字

數位新知雲端創新學院的幾個重要關鍵字包括：

1. 數位創新：學院專注於數位領域的創新思維和實踐能力的培養。
2. 雲端技術：學院提供與雲端運算相關的課程和培訓，幫助學員了解和應用雲端技術。
3. 數位行銷：學院提供數位行銷相關的課程，培養學員在線上市場推廣和品牌建立方面的專業能力。
4. 資料分析：學院提供資料分析相關的課程，幫助學員學習如何收集、分析和應用數據以支持業務決策。
5. 人工智慧：學院提供人工智慧相關的課程，讓學員了解和應用人工智慧技術。
6. 網站開發：學院提供網站開發相關的課程，培養學員在網站建立和設計方面的能力。
7. 自主學習：學院提供雲端學習平台，讓學員可以自主安排學習進度和地點，隨時隨地進行學習。
8. 教育專家：學院的課程由經驗豐富的業界專家和教育專家設計，確保學習內容的專業性和實用性。
9. 數位經濟：學院旨在培養學員應對快速變化的數位經濟所需的技能和知識。
10. 職業生涯發展：學院提供有助於學員職業生涯發展的課程和培訓，幫助他們在數位領域取得成功。

● 推薦行銷文案標題

提問：

> 我想寫一篇行銷文案，請列出針對上述幾個重要關鍵字重點，列出5個
> 行銷文案的標題。

回答畫面：

 我想寫一篇行銷文案，請列出針對上述幾個重要關鍵字重點,列出5個行銷文案的標題。

針對數位新知雲端創新學院的幾個重要關鍵字，以下是五個行銷文案的標題：

1. 「掌握數位創新趨勢，成就你的成功之路」
   • 強調學院提供的數位創新課程，幫助學員掌握最新趨勢，實現個人和職業成功。
2. 「從雲端技術到無限可能，啟發你的數位創業夢想」
   • 強調學院的雲端技術課程，啟發學員在數位創業領域的夢想和創造力。
3. 「數位行銷大師的秘密武器，讓你的品牌瞬間引爆」
   • 強調學院的數位行銷課程，揭示成功數位行銷者使用的秘密武器，幫助學員打造引人注目的品牌。
4. 「數據分析駕馭商機，開啟成功之門」
   • 強調學院的資料分析課程，強調數據分析在商業領域中的重要性，為學員開啟成功的大門。
5. 「人工智慧驅動未來，成為AI領域的先驅者」
   • 強調學院的人工智慧課程，鼓勵學員成為人工智慧領域的先驅者，抓住未來發展的機遇。

這些標題著重於突出學院的關鍵字和特色，並激發潛在學員對於學習和發展的興趣。同時，這些標題也傳達了學院提供的課程如何幫助學員在相應領域中取得成功。

CHAPTER

5

5-4-2 利用ChatGPT寫社群平臺文案

在現今數位行銷的時代，社交媒體平台如Facebook、Instagram（IG）和Google成為企業推廣產品和服務的重要管道。此外，短影片也因其生動有趣的特性在行銷中扮演著關鍵角色。在本小節中，我們將探討如何利用ChatGPT創作引人注目且引發觀眾興趣的文案，並適應各個平台的特性和需求。

我們將深入討論如何運用ChatGPT的智慧生成能力，根據目標受眾和平台特點撰寫出吸引人的FB、IG、Google和短影片文案。透過這些策略和方法，企業可以最大限度地吸引目標受眾的注意力，提高品牌曝光度，並增加業務成果。讓我們一同深入探索如何運用ChatGPT的強大功能來創作出令人驚艷的社交媒體和短影片文案，為企業的行銷活動帶來成功和效益。

● 撰寫FACEBOOK社群行銷文案

提問：

請針對"掌握數位創新趨勢，成就你的成功之路"這個標題寫一篇適合Facebook平台的社群行銷文案

字數：150字以內

廣告目標：吸引對資訊科技線上課程有興趣的用戶

文案風格：專業

回答畫面：

TX 請針對"掌握數位創新趨勢，成就你的成功之路"這個標題寫一篇適合Facebook平台的社群行銷文案
字數：150字以內
廣告目標：吸引對資訊科技線上課程有興趣的用戶
文案風格：專業

⑨ 掌握數位創新趨勢，成就你的成功之路！想在數位領域中獨占鰲頭？這裡絕對是你的不二選擇！數位知新雲端創新學院，專注於培養你在數位創新的專業能力。我們提供最新趨勢的線上課程，讓你隨時隨地掌握最前沿的科技知識。從數位行銷到人工智慧，從雲端技術到網站開發，我們的專家團隊將引領你深入了解每個領域的核心概念與實踐技巧。無論你是創業者還是職業發展者，這裡都是實現夢想的起點。現在就加入我們的課程，掌握數位創新的趨勢，成就你的成功之路！立即點擊了解更多：[學院官網連結]。#數位創新 #專業課程 #數位新知 #職業發展 #學習新趨勢

● 撰寫IG社群行銷文案

提問：

> 請針對"數位行銷大師的秘密武器，讓你的品牌瞬間引爆"這個標題寫一篇適合IG平台的社群行銷文案
> 字數：150字以內
> 廣告目標：吸引對網路行銷或社群行銷線上課程有興趣的用戶
> 文案口吻：活潑、幽默

回答畫面：

TX　請針對"數位行銷大師的秘密武器，讓你的品牌瞬間引爆"這個標題寫一篇適合IG平台的社群行銷文案
字數：150字以內
廣告目標：吸引對網路行銷或社群行銷線上課程有興趣的用戶
文案口吻：活潑、幽默

數位行銷大師的秘密武器，讓你的品牌瞬間引爆！🔥 想知道他們的神奇秘密嗎？別急，我們來告訴你！🐣 數位新知雲端創新學院帶來最火熱的線上課程，讓你成為行銷世界的超級英雄！💪 從社群行銷到網路廣告，我們的課程揭開行銷的神秘面紗，讓你學會運用潮流數位策略和技巧，讓品牌瞬間爆紅！🎯 不管你是業界新鮮人還是行銷經驗豐富的老手，我們都能提供你所需的工具和知識，讓你在競爭激烈的市場中脫穎而出！💡 別再等了！點擊下方連結，一窺數位行銷大師的秘密武器，讓你的品牌在IG世界中瞬間引爆！💥 #數位行銷大師 #品牌引爆 #線上課程 #數位新知 #超級英雄行銷

● 撰寫Google平台的廣告文案

提問：

> 請針對"數據分析駕馭商機，開啟成功之門"這個標題寫一篇適合
> Google平台的廣告文案
> 字數：150字以內
> 文案風格：專業

回答畫面：

TX 　請針對"數據分析駕馭商機，開啟成功之門"這個標題寫一篇適合Google平台的廣告文案
　　字數：150字以內
　　文案風格：專業

　　數據分析駕馭商機，開啟成功之門！想要在競爭激烈的商業環境中脫穎而出嗎？數位新知雲端創新學院提供專業的數據分析課程，助你掌握商機、引領成功！📊 從資料中挖掘價值，我們將教你掌握關鍵指標、剖析消費者行為、優化營銷策略，讓你的企業躍升領先地位！📱 無論你是創業者還是企業主管，數據分析都是成功之門的關鍵。透過我們的課程，你將學會運用Google Analytics等工具，精準洞察市場趨勢、追蹤業績表現，並做出明智的商業決策！🎯 立即點擊下方連結，加入我們的數據分析課程，讓你的企業駕馭商機，開啟成功之門！🔒
　　#數據分析 #商業洞察 #成功之門 #數位新知 #GoogleAnalytics

● 撰寫抖音短影片腳本

提問：

> 請針對「從雲端技術到無限可能，啟發你的數位創業夢想」這個標題
> 寫一篇一分鐘短影片腳本
> 必須以條列式方式呈現，且必須有短影片角色設定
> 字數：150 字以內

回答畫面：

CHAPTER

5

短影片腳本：

標題：從雲端技術到無限可能，啟發你的數位創業夢想

場景設定：辦公室環境，一位年輕有活力的女性（名叫莉莉）坐在電腦前，興致勃勃地看著螢幕。

- 莉莉（自白）：大家好！我是莉莉，一個熱愛數位創業的夢想家！
- 畫面切換至螢幕上的雲端技術圖示。
- 莉莉（自白）：想像一下，透過雲端技術，我們可以將資料和應用程式存儲在遠端伺服器上，並隨時隨地存取和共享。
- 畫面切換至一個團隊在合作開發應用程式的畫面。
- 莉莉（自白）：這不僅讓我們能夠更高效地協作，還能提供強大的運算能力和彈性的資源配置。
- 畫面切換至莉莉站在演講台上，周圍有一群熱情的聽眾。
- 莉莉（自白）：這種無限可能的雲端技術，為數位創業帶來了全新的機會和挑戰。
- 畫面切換至莉莉與其他創業者在共享工作空間中互動的畫面。
- 莉莉（自白）：我們可以利用這些技術來創造出創新的產品和服務，實現自己的數位創業夢想！
- 畫面切換至莉莉站在一座大型數位創業公司的辦公室前。
- 莉莉（自白）：現在就加入我們，一起探索從雲端技術到無限可能的數位創業世界！
- 畫面最後切換至數位新知雲端創新學院的標誌和網址。
- 莉莉（自白）：立即點擊下方連結，讓我們一同啟發你的數位創業夢想吧！一起開創屬於我們的未來！ #數位創業

5-5 會議排程祕書

　　ChatGPT在會議管理方面的應用也變得越來越重要，它可以幫助企業自動化一些會議相關的工作，例如排程、記錄、提醒等。本小節將介紹ChatGPT在會議祕書方面的應用實例，在以下的例子中，參與者透過ChatGPT提問有關團隊會議的時間、地點和議題的問題。ChatGPT根據參與者提供的資訊回答了這些問題，提供了相關的會議資訊。這樣的聊天機器人可以為會議祕書提供即時的支援和解答，幫助確保參與者獲取準確和

即時的會議資訊。下例爲各位示範了如何使用ChatGPT在會議祕書的角色中提問：

參與者：我想知道下一次團隊會議的時間和地點。

ChatGPT：下一次團隊會議的時間和地點是根據公司的會議日程和相關安排而定。請提供您所屬的團隊名稱，我將查詢最新的會議資訊並回答您。

參與者：我是ABC團隊的成員。

ChatGPT：感謝提供資訊。根據最新的會議安排，下一次ABC團隊的會議將於明天下午2點舉行，地點在公司會議室B。

參與者：我想知道這次會議的議題是什麼。

ChatGPT：這次會議的議題是討論新產品發布計畫和相關市場推廣策略。請準備相關資料並準時出席會議。

參與者：謝謝您的回答。還有其他相關的會議我需要知道嗎？

ChatGPT：當然！請告訴我您想了解的會議資訊，例如未來的重要會議、預定會議的議題等，我將提供相關資訊給您。

參與者：我想知道下個月的團隊策略會議日期和時間。

ChatGPT：下個月的團隊策略會議預計於6月15日上午10點舉行，地點將在公司會議室A。請在會議前確保您的行程安排和相關準備。

參與者：感謝您的解答！

5-6 行政人員助理

ChatGPT可以幫助企業自動化一些行政工作，例如排程、郵件管理等。這樣可以節省企業的時間和費用，同時提高工作效率。本小節將介紹如何藉助 ChatGPT 的回答步驟指引，來整合 Power Automate 和 Power

BI，讓我們更加高效地進行數據自動化流程。

Power Automate的官方網址如下：

https://powerautomate.microsoft.com/zh-tw/

5-6-1 Power Automate功能、特色和應用

Power Automate是微軟提供的低代碼自動化平台，可以幫助使用者自動化工作流程和整合不同的應用程式和服務。以下是Power Automate的主要功能、特色和應用：

● 主要功能

1. 自動化工作流程：Power Automate提供多種內建的觸發器和動作，讓使用者可以建立自動化的工作流程，節省時間並提高效率。
2. 整合不同的應用程式和服務：Power Automate支援與許多應用程式和服務的整合，例如Microsoft 365、Dynamics 365、SharePoint、OneDrive、Outlook、Salesforce、Twitter等，使不同系統之間的資料和操作能夠無縫連接。
3. 建立自訂的流程：使用者可以根據需求建立自訂的流程，透過拖放式的介面來設計和編輯工作流程，無需編寫複雜的程式碼。

● 特色

1. 低程式碼（Low-Code）開發：Power Automate採用低代碼開發的概念，不需要深入的程式設計知識，使非開發人員也能夠快速建立自動化流程。
2. 多平臺支援：Power Automate支援多種平台，包括電腦、行動裝置和網頁，讓使用者可以在不同的裝置上設計和執行工作流程。
3. 強大的整合能力：Power Automate提供了豐富的整合功能，使不同系統和應用程式之間的資料和操作能夠輕鬆地互相溝通和整合。
4. 自動化通知和提醒：使用者可以設定通知和提醒的規則，例如收到郵件時自動發送通知或提醒，以及在特定事件發生時觸發相應的動作。

● 應用

1. 資料整合和轉換：使用Power Automate可以輕鬆整合和轉換不同系統和應用程式之間的資料，實現資料的自動傳輸和同步。
2. 工作流程自動化：Power Automate可以幫助使用者自動化常見的工作流程，例如表單提交、審批流程、報告生成等，提高工作效率和準確性。

3. 通知和提醒管理：使用Power Automate可以設定通知和提醒的規則，例如在收到郵件時自動發送通知或提醒，或在特定事件發生時觸發相應的動作。這可以幫助使用者及時掌握重要訊息和行動需求。

4. 效能優化和錯誤處理：Power Automate提供了效能監控和錯誤處理的功能，使用者可以追蹤工作流程的執行狀態、識別潛在的問題並進行修復，確保流程的順利運作。

　　Power Automate可應用於各種場景，例如：

● 自動化表單處理和審批流程，如請假申請、開支報銷等。

● 整合不同的企業應用程式和服務，實現資料的自動同步和傳輸。

● 自動通知和提醒管理，例如發送郵件通知、提醒事件等。

● 整合社交媒體平台，如自動發布推文或處理社群媒體訊息。

● 自動化報告生成和資料分析。

● Power Automate的優勢在於其簡單易用的介面和豐富的整合能力，使用者能夠快速建立自動化流程，提高工作效率並減少人工重複性工作。

5-6-2 請ChatGPT提供Power Automate應用實例

　　例如我們要求ChatGPT協助提供一個Power Automate應用的實例，其回答畫面及完整的回答內容如下：

提問：

　　請提供一個Power Automate應用的實例。

請提供一個Power Automate應用的實例。

以下是一個Power Automate應用的實例：

假設你是一家電子商務公司的客戶服務代表，每當有新客戶提交訂單時，你需要通知相應的倉庫人員處理訂單並發貨。這個過程可以透過Power Automate自動化。

建立一個名為「新訂單通知」的Power Automate流程，設定觸發器為當有新的訂單提交時。觸發器可以連接到你們的電子商務平台，當有新的訂單建立時觸發流程。

在流程中，添加一個動作，將包含訂單資訊的郵件發送給倉庫人員。你可以使用內建的郵件發送動作，填入相應的收件人、主題和內容，並包含訂單的詳細資訊。

另外，你可以添加一個動作，將訂單資訊儲存到你們的內部系統或資料庫中，以供進一步追蹤和分析使用。

完成設定後，保存並啟用該流程。現在，每當有新訂單提交時，Power Automate將自動觸發流程，發送郵件通知倉庫人員處理訂單，同時儲存相關資訊供後續使用。

這個實例展示了Power Automate的應用，利用其自動化和整合功能，簡化了訂單處理流程，節省了時間和提高了效率。同時，它還可以根據具體需求進一步擴展和自定義，例如加入審批流程或發送更多通知。

CHAPTER

5

## 第六章

ChatGPT 相關技術和應用

ChatGPT除了基本的聊天功能外，ChatGPT還有很多進階的用法和技巧，可以讓您的應用更加強大和智慧。本章將介紹一些ChatGPT的應用實例和相關技術，讓您更好地利用ChatGPT來解決實際問題。

6-1 ChatGPT的多樣化任務

在本小節中，您將學習如何運用ChatGPT進行更加複雜和多樣化的任務。例如，情感分析可以幫助您分析文本中的情感色彩，從而更好地了解用戶對產品、服務或文章等的評價；語言生成可以讓您使用ChatGPT生成符合特定要求的文本，例如生成新聞標題、創作故事或詩歌等；機器翻譯可以讓您將一種語言的文本自動翻譯為另一種語言，從而讓不同語言的用戶能夠更好地溝通和交流。

6-1-1 情感分析

當您使用ChatGPT進行情感分析時，它可以幫助您自動分析文本中包含的情感色彩，並將其分為正面、負面或中性情感。這在許多應用場景中都是非常有用的，例如：

● 在社交媒體監測中，您可以使用ChatGPT分析用戶對特定品牌、產品或事件的情感反饋，以幫助企業了解公眾對其品牌的看法，並及時回應任

何負面情緒。

● 在客戶服務中，您可以使用ChatGPT來自動分析客戶反饋中的情感色彩，並將其轉移到適當的服務窗口，以更好地解決客戶問題。

● 在市場研究中，您可以使用ChatGPT分析消費者對特定產品、品牌或服務的態度，以更好地了解市場需求和趨勢。

　　透過使用ChatGPT的情感分析功能，您可以更好地理解文本中所包含的情感色彩，並根據其來制定相應的商業策略。

6-1-2 內容生成能力

　　ChatGPT能夠根據給定的上下文和提示生成有意義的回答、故事、文章等。這項能力使得ChatGPT在對話、寫作和創造性應用中表現出色。以下是我們為各位示範內容生成能力的幾個例子：

● 對話範例：寫短文

輸入問題：

　　請以短文來祝賀名字為陳政文診所開業順利

ChatGPT回答畫面：

● 對話範例：創作歌詞

輸入問題：

　　請幫我寫一首歌表達在異地工作思鄉之苦的心境。

ChatGPT回答文字內容：

(Verse 1)

在陌生的土地上，我漂泊無依，

思念故鄉的家園，心中無限迷離。

繁忙的城市街頭，孤單在我左右，

回憶如潮水湧上心頭，淚水化作懷念的河流。

(Pre-Chorus)

風吹過山川，吹過故鄉的田野，

思鄉之苦，縈繞心間，我無法掩藏。

每一夜，星光點點，照亮我在遠方，

盼望著重逢的那一天，能夠回到你身旁。

(Chorus)

我在異地流浪，思鄉之苦刻骨銘心，

每一天，心中都有一個掙紮的旋律。

懷念著那片天空，懷念著故鄉的風情，

在這陌生的世界裡，我用歌聲表達思鄉之情。

(Verse 2)

離別的日子，淚水濕透了胸襟，

懷念著親友的笑容，那份情誼永不減。

距離造就了隔閡，思念無法停止，
但我知道，勇敢面對這未知的道路。

(Pre-Chorus)
風吹過山川，吹過故鄉的田野，
思鄉之苦，縈繞心間，我無法掩藏。
每一夜，星光點點，照亮我在遠方，
盼望著重逢的那一天，能夠回到你身旁。

(Chorus)
我在異地流浪，思鄉之苦刻骨銘心，
每一天，心中都有一個掙紮的旋律。
懷念著那片天空，懷念著故鄉的風情，
在這陌生的世界裡，我用歌聲表達思鄉之情。

(Bridge)
我知道時光不停流轉，風雨會過去，
將來的某一天，我將重回故鄉的土地。
當那一天終於來臨，我將把思念放下，
和親愛的人們，一起唱著歡樂的歌謠。

(Chorus)
我在異地流浪，思鄉之苦刻骨銘心，
每一天，心中都有一個掙紮的旋律。
懷念著那片天空，懷念著故鄉的風情，
在這陌生的世界裡，我用歌聲表達思鄉之情。

(Outro)

雖然異地漂泊讓我心痛萬分，

但我堅信，思鄉的痛苦將化爲成長的翅膀。

無論身在何處，我永遠記得那塊土地，

思鄉之情總在心中燃起，永不消散。

這首歌將我的思念化作歌聲，

向著故鄉傳達我無盡的愛戀。

當我終於回到那片懷念的土地，

這首歌將變成歡樂的頌歌，永遠唱不停。

我在異地流浪，思鄉之苦刻骨銘心，

每一天，心中都有一個掙扎的旋律。

懷念著那片天空，懷念著故鄉的風情，

用歌聲表達思鄉之情，直到重逢的那一刻。

● **對話範例：寫書籍的序言。**

輸入問題：

　　最近我即將出版一本有關Python語言從入門到應用的書籍，書名爲「從零開始學Python程式語言—從入門到精通」，請幫我寫一篇關於本書推薦300字以內的自序。

ChatGPT回答畫面：

最近我即將出版一本有關Python語言從入門到應用的書籍，書名為「從零開始學Python程式語言─從入門到精通」，請幫我寫一篇關於本書推薦300字以內的自序。

親愛的讀者們，

在我踏上Python程式語言的學習旅程時，我對於這門強大而多功能的語言充滿了好奇和熱情。隨著深入學習的過程，我意識到Python的潛力和廣泛應用的範疇。這種熱情促使我決定將我的知識和經驗與大家分享，於是誕生了這本書籍「從零開始學Python程式語言─從入門到精通」。

這本書旨在為初學者提供一個循序漸進且實用的學習路徑，讓您能夠從零開始，逐步掌握Python程式語言的基礎知識和技巧。我將從最基本的概念和語法開始，並通過豐富的實例和練習，引導您深入理解Python的核心特性和常用的程式設計技巧。

本書不僅專注於Python的基礎，同時也涵蓋了廣泛的主題，包括資料結構、函式和模組、物件導向程式設計、檔案處理、錯誤處理等。我特別強調實際應用，通過實例和案例的引導，讓您能夠將所學的知識應用於解決真實世界的問題。

無論您是想在程式設計領域開始您的旅程，或者已經有一定經驗但想深入了解Python的運用，這本書都將是您的理想選擇。我相信，透過本書的指導和實踐，您將能夠逐步成為一名Python程式語言的熟練使用者。

最後，我衷心希望這本書能夠成為您的良師益友，伴隨著您在學習Python的旅程中。我期待著您在這個令人興奮的世界中，發掘Python帶來的無限可能性。謹代表全書團隊，感謝您的閱讀和支持。

祝學習愉快！

附上誠摯的祝福，

（您的名字）

● 對話範例：寫自傳

輸入問題：

姓名：陳玉芬　姓別：女

1988/9/10出生

專長：程式設計、影像繪圖、視訊剪輯

人格特質：專注、負責、上進、合群、虛心學習

學校成就：全國大專盃視訊創作比賽第三名

工作經驗：電腦繪圖助教

請幫忙寫一封自傳。

ChatGPT回答文字內容：

尊敬的招聘主管，

您好！我是陳玉芬，一位熱愛程式設計、影像繪圖和視訊剪輯的女性。我從小對電腦和創意工作就有著濃厚的興趣，並在這些領域中展現出了我的專長和熱情。

1988年9月10日，我開始了我的人生旅程。在成長的過程中，我逐漸發現自己對程式設計和創意領域的熱愛。這驅使著我積極地學習和成長，並在這些領域中取得了一些令我自豪的成就。

在學校期間，我有幸獲得全國大專盃視訊創作比賽的第三名。這個經歷不僅讓我感到自豪，更加深了我對影像繪圖和視訊剪輯的熱愛和追求。我喜歡藉著創意和技術來表達自己，並將這些技能應用於實際的工作中。

除了在學校中的成就外，我也有一段電腦繪圖助教的工作經驗。這份工作讓我能夠與學生們分享我的知識和技能，同時也進一步提升了我的教學能力和溝通技巧。這段經驗讓我體會到了與他人合作和協調的重要性，並學會了如何激發學生的潛力和創造力。

作為一個人，我具備著專注、負責、上進、合群和虛心學習的人格特質。我熱衷於不斷學習和探索新的技術和工具，以保持自己在快速發展的數位創意領域中的競爭力。我相信，持續學習和不斷進步是實現個人和團隊目標的關鍵。

對於貴公司的職位，我充滿了熱情和興趣。我相信我的專業知識和技能，以及我的工作經驗和個人特質，使我成爲一個能夠爲貴公司帶來價值的候選人。我對於貴公司的使命和願景感到非常認同，並且渴望能夠爲其貢獻自己的專業知識和創意能力。

我熟悉並具有豐富的經驗在程式設計、影像繪圖和視訊剪輯領域中，我精通多種程式語言，如Python、Java和C++，並且熟悉常用的繪圖軟體和視訊剪輯工具。我具有優秀的問題解決能力和創造力，能夠將技術和創意相結合，提供創新的解決方案。

作爲一位團隊合作的夥伴，我重視與他人的合作和溝通，能夠有效地與不同背景和專業的人合作，達成共同的目標。我能夠在壓力下保持冷靜，具有良好的時間管理和組織能力，能夠高效地完成任務。

我對於持續學習和成長的承諾使我能夠跟上快速變化的科技行業。我積極參加相關的專業培訓和研討會，並持續探索新的技術和趨勢，以提升自己的專業水準。

在這份自傳中，我希望能夠向您展現我對於程式設計、影像繪圖和視訊剪輯的熱情和專業能力。我相信我的技能和特質將使我成爲貴公司的寶貴資產，並爲團隊的成功做出貢獻。

我非常期待有機會與您進一步討論我的背景和如何能夠適應貴公司的需求。謝謝您撥冗閱讀我的自傳。期待能有機會與您進一步交流。

誠摯地，

陳玉芬

● 對話範例：生成科技報導評論

輸入問題：

請寫一篇有關人工智慧對人類所帶來正面及負面的影響。

ChatGPT回答畫面：

TX　請寫一篇有關人工智慧對人類所帶來正面及負面的影響。

人工智慧（Artificial Intelligence, AI）作為一項前沿科技，對人類社會帶來了許多正面和負面的影響。以下是一些關於AI對人類的正面和負面影響的觀點：

正面影響：

1. 自動化和效率提升：AI技術的應用使許多重複瑣碎的任務可以自動化，從而釋放人們的時間和精力，專注於更有價值的工作。這有助於提高生產力和效率，推動社會的發展。
2. 解決複雜問題：AI在處理大數據和複雜問題方面具有優勢。透過機器學習和深度學習等技術，AI能夠從龐大的數據中提取有價值的信息，幫助我們更好地理解和應對複雜的社會問題，如疾病預測、環境保護等。
3. 創新和發展：AI的發展推動了許多科技領域的創新，促進了新興產業的崛起。它激發了人們的想像力和創造力，推動了科學研究和技術進步，帶來了更多的商機和就業機會。

負面影響：

1. 就業市場的變化：隨著自動化和機器取代人力工作的增加，一些傳統工作可能會消失或減少，導致部分人失業或需要轉行。這可能對一些人造成壓力和經濟困難。
2. 隱私和倫理問題：AI的快速發展引發了對於數據隱私和倫理問題的關注。收集和分析大量個人數據可能對個人隱私產生威脅，同時使用AI的決策系統也可能帶來偏見和不公平。

6-1-3 翻譯與文法檢測

　　ChatGPT的應用不僅限於對話，它還能夠在機器翻譯和文法檢測等方面發揮重要作用，使不同語言之間的溝通更加順暢和準確。透過學習本節的知識，您將能夠理解ChatGPT在機器翻譯和文法檢測中的應用，並掌握相應的技巧和策略，以提高跨語言溝通的效果和質量。例如我們可以先提問：「Please introduce NAB.」

CHAPTER

6

 Please introduce NAB.

 NAB stands for National Australia Bank, which is one of the largest financial institutions in Australia. Established in 1982, NAB provides a wide range of banking and financial services to individuals, businesses, and institutional clients.

As a major player in the Australian banking industry, NAB offers various products and services, including personal and business banking, wealth management, insurance, and corporate banking. They provide solutions for everyday banking needs such as savings accounts, credit cards, loans, and mortgages. NAB also caters to the needs of businesses through services like business loans, cash management, and merchant services.

NAB is committed to delivering excellent customer service and has a strong focus on innovation and digital banking solutions. They strive to provide convenient and accessible banking experiences for their customers through online and mobile banking platforms. NAB's digital services include features such as mobile payments, budgeting tools, and personalized financial insights.

In addition to their core banking services, NAB is actively involved in supporting the community and promoting sustainable practices. They have initiatives in place to support small businesses, promote financial literacy, and contribute to social and environmental causes.

With a large network of branches and ATMs across Australia, NAB has established itself as a trusted and reliable financial institution. They aim to assist individuals and businesses in achieving their financial goals and make a positive impact on the communities they serve.

Please note that the information provided here is based on the knowledge available up until September 2021, and there may have been updates or changes to NAB's products and services since then.

　　接著只要輸入類似「請翻譯成繁體中文」，就會將剛才的英文回答內容翻譯成中文，請參考下圖：

請翻譯成繁體中文

NAB 是 National Australia Bank 的縮寫，是澳大利亞最大的金融機構之一。NAB 成立於1982年，為個人、企業和機構客戶提供廣泛的銀行和金融服務。

作為澳大利亞銀行業的主要參與者，NAB 提供各種產品和服務，包括個人和商業銀行業務、財富管理、保險和公司銀行業務。他們為日常銀行業務需求提供解決方案，如儲蓄帳戶、信用卡、貸款和抵押貸款。NAB 也通過提供商業貸款、現金管理和商戶服務等服務滿足企業需求。

NAB 致力於提供優質客戶服務，並專注於創新和數字銀行解決方案。他們努力通過在線和移動銀行平台為客戶提供便利和可訪問的銀行體驗。NAB 的數字服務包括移動支付、預算工具和個性化的財務洞察。

除了核心的銀行服務外，NAB 積極參與支持社區和促進可持續發展。他們推出了一系列計劃，支持小型企業、促進金融識字，並為社會和環境事業做出貢獻。

NAB 在澳大利亞擁有廣泛的分行和自動提款機網絡，建立了一個值得信賴和可靠的金融機構形象。他們致力於幫助個人和企業實現他們的財務目標，對所服務的社區產生積極的影響。

請注意，此處提供的資訊基於截至2021年9月的知識，自那時以來 NAB 的產品和服務可能已經有所更新或變更。

接下來的例子我們將示範如何藉助ChatGPT幫忙修改文法錯誤。

● 對話範例：修改文法錯誤

輸入問題：

請幫忙修改底下文章的文法錯誤：

When we think of philosophy, we usually come up with the image that it is impractical, maybe even useless. However, as technology advances, philosophy is widely put in use. Today we will discuss about applying ethical philosophy into the developing of auto pilot cars.

The training of the auto pilot car must include rules to obey, so that the system can make decisions at the moment. When it comes to the situation of a trolley problem, the designers must input clear instructions for the system.

A trolley problem can be simplified to decision making of whether to kill one person or five people. It can be applied to decision making on whether should the car hit the elderly or the young when malfunction occurs.

It is still difficult to decide whose life has more value than the other, and this remains a task not only for philosophy professions, but those who drive.

ChatGPT回答畫面：

請幫忙修改底下文章的文法錯誤：
When we think of philosophy, we usually come up with the image that it is impractical, maybe even useless. However, as technology advances, philosophy is widely put in use. Today we will discuss about applying ethical philosophy into the developing of auto pilot cars.

The training of the auto pilot car must include rules to obey, so that the system can make decisions at the moment. When it comes to the situation of a trolley problem, the designers must input clear instructions for the system.

A trolley problem can be simplified to decision making of whether to kill one person or five people. It can be applied to decision making on whether should the car hit the elderly or the young when malfunction occurs.

It is still difficult to decide whose life has more value than the other, and this remains a task not only for philosophy professions, but those who drive.

When we think of philosophy, we usually come up with the image that it is impractical, maybe even useless. However, as technology advances, philosophy is widely put to use. Today, we will discuss the application of ethical philosophy in the development of autopilot cars.

The training of autopilot cars must include rules to obey so that the system can make decisions in the moment. When faced with a trolley problem, designers must input clear instructions for the system.

A trolley problem can be simplified to the decision of whether to kill one person or five people. It can be applied to decision-making regarding whether the car should hit the elderly or the young when a malfunction occurs.

It is still difficult to decide whose life has more value than the other, and this remains a task not only for philosophy professionals but also for those who drive.

6-1-4 寫作摘要

我們了解到ChatGPT在生成自然語言文本方面的能力。除了能夠生成新聞報導、短文章等，ChatGPT還能夠提升寫作效率和品質，甚至生成各種類型的廣告文案。此外，ChatGPT還具備自動摘要的能力，可以從長文中提取出文章的重點。ChatGPT的自動摘要功能使得處理大量文本變得更加輕鬆。您可以使用ChatGPT來快速摘要長篇文章或文件，從中提取出關鍵信息和主要要點，節省時間並快速獲得所需內容的摘要。

● **對話範例：寫作摘要**

首先請輸入「請介紹中華文化」進行提問：

> TX　請介紹中華文化

中華文化是世界上最古老、最悠久的文化之一，它源遠流長，擁有豐富多樣的內容和深遠的影響力。中華文化是以中國為核心，同時也包括台灣、香港、澳門和其他華人社區所共享和延續的文化傳統。

中華文化的特點之一是其豐富的歷史和傳統價值觀。數千年來，中國歷史文化積累了許多重要的思想體系，如儒家思想、道家思想和佛教思想。這些思想體系強調倫理道德、人倫關懷和個人修養，對中華文化的發展和個人行為具有深遠影響。

中華文化的藝術領域也非常豐富多元。中國傳統藝術包括書法、繪畫、音樂、舞蹈、戲劇、雕塑和工藝等多個領域。這些藝術形式融合了中國的哲學思想、文學作品和歷史故事，以獨特的風格和表現方式展現出中華文化的獨特之處。

中華文化也以其豐富的文學遺產而聞名。古代中國的文學作品包括詩詞、散文、小說和戲曲等，其中許多作品至今仍被廣泛閱讀和欣賞。這些文學作品反映了中國人民的思想、情感和價值觀，並為後世留下了寶貴的文化遺產。

中華文化還以其獨特的節慶和傳統習俗而聞名。諸如春節、中秋節、清明節和端午節等節日，代表著人們對於農業文化、家庭團聚和祖先崇拜的重視。這些節日中的習俗和傳統活動彰顯了中國人民的團結、勤勞和對於傳統文化的尊重。

接著只要輸入類似「請摘要重點」，就會將剛才問的問題的回答內容摘要重點，請參考下圖：

> TX 　請摘要重點

> 中華文化是世界上最古老、最悠久的文化之一。它擁有豐富的歷史和傳統價值觀，包括儒家思想、道家思想和佛教思想。中華文化的藝術領域豐富多元，包括書法、繪畫、音樂、舞蹈、戲劇等。中國的文學作品和文化傳統也廣受讚賞，且有獨特的節慶和傳統習俗。中華文化對世界文化產生了深遠影響，並以中國菜、茶文化和傳統醫療技術等方面享有盛譽。然而，現代化和全球化帶來了新的挑戰和變遷，需要保護、傳承和發展中華文化，促進文化對話和共融。

6-2 自定義模型訓練

作為一個通用的語言生成模型，ChatGPT具有廣泛的應用場景和領域。然而，對於特定任務來說，通用模型的性能可能有所不足。在這種情況下，我們可以透過自定義模型訓練的方式提高ChatGPT的表現。本節將介紹如何收集、整理數據，以及設計和訓練自定義模型的背後原理和基本概念。

6-2-1 如何收集和整理數據

在訓練自定義模型之前，首先需要收集並整理相關的數據。數據的質量和多樣性對模型的訓練和表現都有很大的影響，因此這一步非常重要。本節將介紹如何收集和整理數據，並提供一些注意事項和建議。

● 數據蒐集

在蒐集數據時,首先需要確定數據蒐集的目的和範圍。例如,如果你要訓練一個關於自然語言生成的ChatGPT模型,你需要收集一些跟自然語言生成相關的數據,例如對話資料庫、網路文章等。

在進行數據蒐集時,可以使用現有的數據庫,例如Kaggle、UCI Machine Learning Repository,也可以透過網路爬蟲自己蒐集數據。需要注意的是,在使用他人數據庫時,需要遵守其版權和使用協議。

● 數據整理

數據整理是訓練ChatGPT模型的必要步驟之一。在數據整理的過程中,我們需要清理數據、進行標注、處理缺失值等。這些工作對於訓練一個準確且可靠的ChatGPT模型來說至關重要。

在清理數據的過程中,我們需要先將原始數據轉換成可用的文本格式。這個過程可能涉及到一些文本預處理的技術,例如分詞、去除停用詞、詞性標注等。接著,我們需要對數據進行標注,標注的目的是為了讓模型能夠學習到正確的文本結構和語法。

另外,在處理缺失值的時候,我們需要對缺失值進行填充或刪除,以確保數據的完整性。這個過程中可能需要使用到一些統計學的技巧,例如均值填充、中位數填充等。

● 數據樣本設計

數據樣本設計是訓練一個高效的ChatGPT模型的重要步驟之一。在這個步驟中,我們需要根據模型的應用場景和目標用戶的特徵設計出合適的數據樣本。

例如,如果我們希望訓練一個用於客戶服務的ChatGPT模型,那麼我們需要蒐集和整理與客戶服務相關的數據,例如客戶問題和客戶需求。同

時，我們還需要考慮到不同類型客戶的特徵，例如性別、年齡、教育背景
等，進而設計出符合用戶需求的數據樣本。

　　蒐集和整理數據是訓練一個優秀的ChatGPT模型的關鍵步驟之一。在
數據蒐集和整理的過程中，我們需要注意數據的品質和完整性，同時還需
要根據模型的應用場景和用戶特徵設計出合適的數據樣本。

6-2-2 如何設計和訓練自定義模型

　　蒐集和整理數據之後，我們就可以開始設計和訓練自定義模型了。設
計一個好的模型需要考慮多個方面，包括模型的結構、參數設置、訓練策
略等。本節將介紹如何設計和訓練自定義模型，並提供一些實用的技巧和
建議。

6-3 控制對話流程

　　在使用ChatGPT構建聊天機器人時，對話流程的管理非常重要。如果
對話流程不好，就會導致對話無法順暢，對用戶體驗造成影響。因此，本
節將介紹如何管理對話的上下文和話題，以及如何處理多輪對話和多輪問
答。

　　在使用ChatGPT構建聊天機器人時，上下文和話題管理是非常重要
的。在對話過程中，聊天機器人需要記住之前對話的內容，以便更好地回
答用戶的問題。在使用ChatGPT構建聊天機器人時，控制對話流程是非常
重要的。良好的對話流程可以提升用戶體驗，增強機器人的互動性和可靠
性。本節將介紹如何管理對話的上下文和話題，以及如何處理多輪對話和
多輪問答。

6-3-1 對話上下文管理

在進行聊天時，機器人需要記住之前的對話內容，以便更好地理解用戶的意圖。ChatGPT可以利用上下文資訊來生成更加合理的回答，因此上下文管理是非常重要的。

在ChatGPT中，可以透過保存上下文資訊來實現對話管理。對話上下文包括當前對話的主題、用戶提出的問題以及之前的回答等資訊。通常，上下文資訊存儲在一個緩存中，每當有新的對話時，就可以把相關資訊添加到緩存中。

6-3-2 對話話題管理

在設計聊天機器人時，需要確定對話的話題，以便更好地回答用戶的問題。話題管理可以讓機器人更好地理解用戶的問題，從而更好地回答問題。

ChatGPT可以透過分類器或者主題建模來進行話題管理。分類器可以將問題分類到不同的話題中，而主題建模則可以識別文本中的主題並進行分類。通常，在構建聊天機器人時，需要先確定常見的話題，然後使用分類器或主題建模來識別和管理話題。

6-3-3 多輪問答

當使用ChatGPT進行多輪問答時，一個關鍵問題是如何跟蹤上下文。在進行多輪對話時，必須保留用戶之前提出的問題或資訊，並在後續的對話中加以考慮。ChatGPT中有一些技術可以用來跟蹤上下文，例如設置上下文視窗，即在一定範圍內保留之前的對話內容，以便在後續的對話中使

用。此外，還可以使用一些特殊的標記或標籤，以便在後續的對話中更輕鬆地識別之前的問題或資訊。

6-3-4 多模態對話

在ChatGPT中，多模態對話是指透過多種不同的方式進行對話，例如文本、語音、圖像等。進行多模態對話時，需要考慮如何處理不同的輸入和輸出格式。ChatGPT可以透過一些技術來處理多模態對話，例如使用多模態輸入處理器來處理不同格式的輸入，以及使用多模態輸出處理器來生成不同格式的輸出。

6-4 精進對話體驗

對話體驗是聊天機器人最重要的部分之一。如果對話體驗不好，用戶很容易失去興趣或者產生不滿。因此，在構建聊天機器人時，精進對話體驗是至關重要的。本節將介紹如何增強對話的流暢性和自然度，以及如何處理自然語言中的歧義和語義。

6-4-1 如何增強對話的流暢性和自然度

在使用ChatGPT構建聊天機器人時，對話的流暢性和自然度非常重要。如果對話不夠流暢或自然，用戶就會感到困惑或者不舒服。在使用ChatGPT構建聊天機器人時，要讓對話更流暢、自然，可以採用以下方法：

● 調整模型參數

在訓練ChatGPT模型時，可以調整參數以增強對話的流暢性和自然

度。例如，調整學習速率、正則化參數和批次大小等參數，可以提高模型的預測能力。

● 增加上下文資訊

為了讓對話更加流暢和自然，可以增加上下文資訊。ChatGPT模型透過將前面的對話轉換成隱藏狀態向量，將上下文訊息納入到對話中。這樣，模型就可以更好地理解對話的上下文，並生成更加流暢、自然的回答。

● 引入知識庫

為了增強對話的自然度，可以引入知識庫。ChatGPT模型可以將知識庫中的資訊納入到對話生成中，從而生成更加豐富、多樣的回答。例如，在聊天機器人中引入百科等知識庫，可以為用戶提供更加準確、全面的資訊。

● 使用自然語言生成技術

自然語言生成技術可以生成更加自然、流暢的語言。例如，可以使用生成式對話系統，將對話生成的過程視為一個序列生成問題，透過控制生成過程來生成更加流暢、自然的回答。此外，還可以採用基於範本的生成方法，透過設計範本和規則來生成自然、流暢的語言。

為了增強對話的流暢性和自然度，可以透過調整模型參數、增加上下文資訊、引入知識庫和使用自然語言生成技術等方法來實現。在構建聊天機器人時，需要根據具體應用場景和用戶需求，選擇適合的方法來增強對話的流暢性和自然度。

6-4-2 如何處理自然語言中的歧義和語義

自然語言中存在許多歧義和語義問題，這些問題對聊天機器人的準確性和自然度都會產生影響。在本節中，我們將介紹一些方法來處理這些問題。此外，我們還將介紹一些工具和資源，如WordNet和ConceptNet等，可以幫助ChatGPT更好地處理自然語言中的歧義和語義問題。

● 使用上下文來消除歧義

上下文是一個非常重要的工具，可以用來消除自然語言中的歧義。ChatGPT可以透過保存對話上下文，來幫助判斷當前用戶的意圖和對話方向。例如，如果用戶先問了「你喜歡哪個顏色？」，再問「你最喜歡的動物是什麼？」，ChatGPT可以透過上下文得知「你」指的是ChatGPT，進而給出相應的回答。

● 使用知識庫來消除歧義和語義問題

知識庫是一個結構化的數據庫，其中包含了大量的知識和資訊。ChatGPT可以透過查詢知識庫，來解決自然語言中的歧義和語義問題。例如，當用戶問「比撒哈拉沙漠更大的沙漠是哪個？」時，ChatGPT可以透過查詢知識庫，進而給出相應的回答。

● 使用WordNet和ConceptNet等工具和資源

WordNet是一個豐富的詞彙資源，它提供了詞彙的詳細定義、同義詞集、上下位詞關係以及詞彙之間的語義關聯。這些資源使得ChatGPT能夠更好地理解單詞的含義和使用情境，從而生成更具準確性和流暢性的回答。

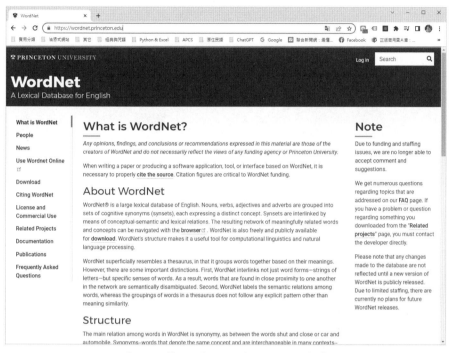

https://wordnet.princeton.edu/

ConceptNet的知識庫充滿了人們在日常生活中所具備的常識性知識，這些知識可以涵蓋各種主題，例如物體、事件、關係等。這使得ChatGPT能夠以更加全面和深入的方式理解和處理用戶的語言輸入。

透過使用ConceptNet，ChatGPT可以從豐富的知識庫中獲取相關的概念和語義信息，進行推理和關聯性分析，從而更好地解決歧義性問題，並產生更準確、具有語義一致性的回應。

CHAPTER

6

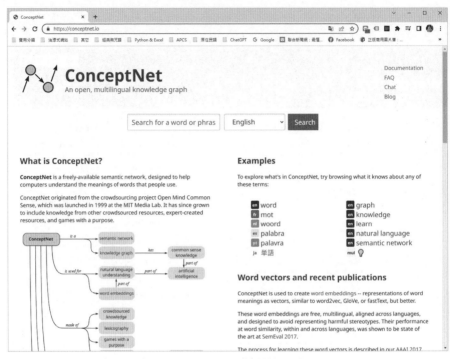

https://conceptnet.io/

　　在使用ChatGPT構建聊天機器人時，如何處理自然語言中的歧義和語義問題是一個重要的問題。透過上下文的管理、使用知識庫和相關工具和資源，可以幫助ChatGPT更好地處理這些問題，提高聊天機器人的準確性和自然度。

　　本章主要介紹了ChatGPT的相關技術。隨著人工智慧技術的不斷發展，ChatGPT已經被廣泛應用在各個領域，並且取得了驚人的成果。我們相信，隨著技術的不斷進步和完善，ChatGPT將會在未來的應用中扮演越來越重要的角色。

6-5 撰寫長篇文章

在撰寫長篇文章之前，一個好的計畫是非常重要的。我們將介紹如何使用ChatGPT來協助你進行初步的研究和資料蒐集，以及如何利用其生成能力來幫助你整理思路和組織內容結構。透過ChatGPT的指導，你可以快速生成概要、大綱和段落，並確保你的文章有一個清晰的結構。

6-5-1 規劃長文的目錄

接下來我們將以「初學HTML 5網頁設計」為例，為各位示範如何進行長文撰寫，首先請各位可以依照下列方式為這篇長文設計目錄大網。範例如下：

輸入問題：

請用"初學HTML 5網頁設計"這個標題規劃一篇長篇文章的目錄。

ChatGPT回答畫面：

長篇文章目錄：初學HTML 5網頁設計

I.簡介

A.引言

B. HTML 5網頁設計的重要性

II. HTML 5基礎

A. HTML 5概述

B. HTML 5的新功能與優勢

C. HTML 5文件結構

III.標籤和元素

A.常用的HTML 5標籤

B.構建網頁的基本元素

C.元素的屬性和用法

IV.文字和內容排版

A.標題和段落

B.文字格式化

C.清單和表格

V.圖像和媒體

A.插入圖像

B.圖像格式和優化

C.音頻和視頻嵌入

VI.超連結和導航

A.創建超連結

B.錨點和內部鏈接

C.導航菜單和選單

VII.表單和輸入

A.表單元素概述

B.文本輸入和文本區域

C.選擇框和多選框

D.表單驗證和提交

VIII. CSS和樣式設計

A. CSS概述

B. CSS選擇器和屬性

C.嵌入式和外部樣式表

IX.響應式設計和多媒體查詢

A.響應式設計原理

B.媒體查詢和斷點

X.最佳實踐和網站部署

A.網站性能優化

B.網頁安全性

C.網站測試和調試

D.網站上線和部署

XI.未來的發展和趨勢

A. HTML 5的未來

B.新興技術和標準

XII.總結

A.回顧學到的內容

B.提升網頁設計技能的建議

6-5-2 內文撰寫

接下來的任務是針對前面提到的主要重點進行內容的詳細撰寫。例如，你可以複製上面提到的"HTML 5網頁設計的重要性"這段文字，然後根據以下示範，要求ChatGPT協助你完成內容的撰寫。

輸入問題：

請將上面大網中的"HTML 5網頁設計的重要性"進行內文創作。

ChatGPT回答畫面：

> TX 請將上面大網中的" HTML 5 網頁設計的重要性"進行內文創作
>
> II. HTML 5 基礎
> A. HTML 5 概述
> B. HTML 5 的新功能與優勢
> C. HTML 5 文件結構
>
> HTML 5 網頁設計的重要性：
>
> HTML 5 網頁設計在現代網頁開發中扮演著重要的角色。隨著互聯網的快速發展和網絡應用的廣泛使用，網頁設計不再僅僅是一個展示內容的媒介，而是成為了一種創造和提供豐富、互動和動態體驗的方式。HTML 5 提供了許多強大的功能和新技術，使網頁設計更具彈性、功能性和可擴展性。
>
> 首先，HTML 5 引入了許多新的標籤和元素，使網頁設計更加結構化和語義化。這些新的元素（如<header>、<nav>、<section>、<article>等）能夠更好地描述網頁的結構和內容，提高網站的可讀性和可維護性。同時，HTML 5 還提供了一個更強大的多媒體支持，包括原生的視頻和音頻播放功能，使得在網頁上展示和分享多媒體內容變得更加容易。
>
> 其次，HTML 5 的新功能使得網頁可以實現更豐富和動態的互動效果。通過使用新的 JavaScript API 和 CSS3 技術，開發人員可以創建各種特效、動畫和轉場效果，提高用戶與網站的互動性和娛樂性。這些功能包括拖放、本地存儲、地理位置定位、即時通信等，為網頁應用帶來了更多可能性，提供了更好的用戶體驗。
>
> 此外，HTML 5 還具有良好的跨平台和跨設備兼容性。現在的網頁設計不僅需要在桌面瀏覽器上良好運行，還需要適應不同的移動設備和平板電腦。HTML 5 提供了自適應布局、媒體查詢

6-5-3 內文延伸描述

這一小節將提供更詳盡的內容,進一步探討和描述在前面提到的主題中的關鍵細節和相關概念。我們將深入研究內文的延伸,以便更全面地了解該主題的核心內容。

輸入問題:

請將" HTML 5的新功能"進行內文延伸。

ChatGPT回答畫面:

請將" HTML 5 的新功能"進行內文延伸

HTML 5 的新功能:

HTML 5 的新功能在網頁設計中帶來了許多令人振奮的可能性。這些功能不僅改善了用戶體驗,還為開發人員提供了更多創造力和靈活性。

一個引人注目的新功能是語意化標籤。HTML 5 引入了一系列的標籤,如<header>、<nav>、<section>、<article> 等,使得網頁的結構更加清晰和易於理解。這些標籤有助於瀏覽器和搜索引擎更好地理解網頁的內容,提高了搜索引擎優化(SEO)的效果,同時也方便了開發人員進行代碼的編寫和維護。

除了語意化標籤,HTML 5 還引入了一個重要的新功能,即本地存儲。通過使用 localStorage 和 sessionStorage API,開發人員可以在瀏覽器中存儲和讀取數據,實現離線應用和提高用戶體驗。這使得網頁能夠在斷網或網絡連接不穩定的情況下繼續運行,並且可以在用戶下次訪問時還原之前的狀態和數據。

此外,HTML 5 還提供了強大的多媒體支持。現在,開發人員可以使用<video> 和 <audio> 標籤在網頁中輕鬆插入視頻和音頻,而無需依賴第三方插件。這使得網站能夠更直觀地展示媒體內容,提供更豐富的視聽體驗。

另一項引人矚目的功能是拖放(Drag and Drop)。HTML 5 使得在網頁上實現元素的拖放變得更加容易。開發人員可以通過使用拖放事件和API,實現圖片、文件等元素的拖動和放置,為用戶提供更直觀的操作方式。

HTML 5 還引入了許多其他功能,如地理定位、Canvas 繪圖、Web Workers、WebSocket 等,這些功能拓寬了網頁設計的領域,使開發人員能夠創造更多有趣和互動性的網

6-6 在iPhone加入ChatGPT

你可以在iPhone主畫面加入一個方便的ChatGPT捷徑圖示，這樣以後只需點擊該圖示，就能輕鬆與ChatGPT進行互動對話和提問。更棒的是，你還可以結合手機上的語音輸入功能，直接以語音方式與ChatGPT互動。以下是相關的操作步驟：

首先啟動手機的內建瀏覽器，並於Google搜尋引擎輸入「ChatGPT」關鍵字，搜尋到的第一個網頁就是OpenAI ChatGPT的官網（https://openai.com/blog/chatgpt），接著請點選下圖OpenAI ChatGPT的官網的超連結：

再按一下「Try ChatGPT」鈕：

接著在下圖中按下「Log in」鈕。

在下方畫面中，您可以輸入您的郵件地址，或者直接使用Google或Microsoft帳戶登入：

接著就會進入ChatGPT的提問視窗，各位可以在該畫面的下方按下
⬆ 鈕：

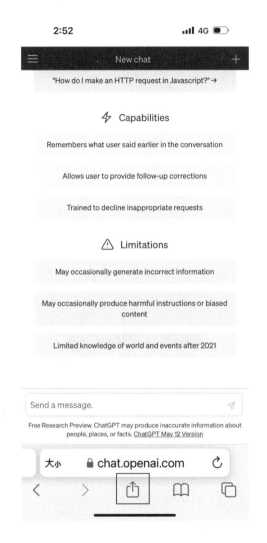

然後，您會看到一個選單，在該選單中請點擊「新增至主畫面」：

在下圖中，您可以自行輸入該圖示的名稱，完成後請確保再次點擊「新增」按鈕：

完成上述步驟後，您就可以在手機的主畫面上看到一個名為「New Chat」的圖示按鈕。只需點擊該按鈕，即可快速打開ChatGPT的網頁版互動提問介面：

然後，您可以輸入問題（或使用手機上的語音輸入功能來加速輸入）。當問題輸入完畢後，只需點擊「送出」按鈕即可：

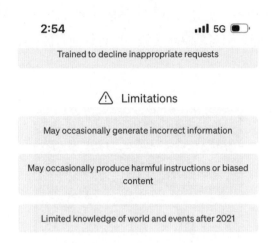

立即，在手機上您就能看到ChatGPT的回答內容，如下圖所示：

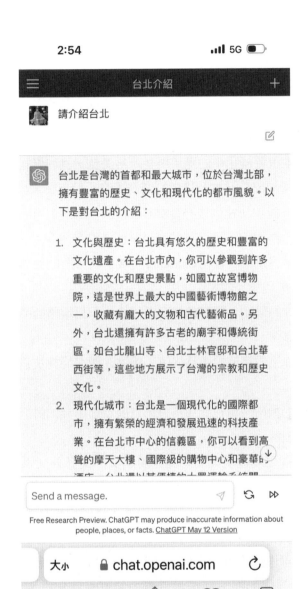

6-7 SEO行銷與ChatGPT

　　網站流量一直以來都是網路行銷中極為重要的指標之一。而其中，「搜尋引擎最佳化」（Search Engine Optimization, SEO）是一種高效增加流量的方法。ChatGPT應用方向，在SEO界中引起了相關專家的關注。ChatGPT在搜索引擎優化中的應用場景非常廣泛，例如優化網站內容品質是吸引訪客、增加流量並提升排名的關鍵策略。而現在，ChatGPT作為一個強大的工具，能夠快速生成符合SEO架構的內容，真可謂是一個無價的幫手！以下是一些案例，可以幫助你輕鬆創造優質內容：

1. 以SEO關鍵字為基礎，使用ChatGPT生成引人入勝的部落格文章，吸引更多目標受眾。

2. 利用ChatGPT的幫助，撰寫銷售頁面的描述，以增強商品或服務的吸引力和銷售效果。

3. 使用ChatGPT生成精確的產品描述，讓潛在顧客能夠快速了解並購買你的產品。

4. 創建有價值的指南、教程或白皮書，以展示你專業知識的深度和對目標受眾需求的理解。

5. 透過ChatGPT生成吸引人的社交媒體貼文，提高社交媒體曝光和參與度。

6. 使用ChatGPT製作具有價值的影片內容，以吸引觀眾並增加品牌知名度。

　　ChatGPT不僅能夠幫助你節省時間和精力，還能確保你的內容符合SEO要求，提升你的網站在搜索引擎中的可見度和排名。我們可以將ChatGPT SEO應用可以協助產生問題集、關鍵字、標題、文案修改及技術面的協助。

6-7-1 SEO常見問題集

現在，讓我們探討如何運用ChatGPT的能力來生成一份實用的SEO常見問題集，這份問題集將有助於網站擁有者和行銷人員解決他們在SEO優化過程中遇到的疑惑和挑戰。憑藉ChatGPT的幫助，我們能夠提供更有價值的SEO資源，協助網站優化達到更好的排名和流量增長。

提問：

請列出至少20個關於實用網頁SEO常見問題集。

ChatGPT回答畫面：

> TX　請列出至少20個關於實用網頁SEO常見問題集
>
> 當然，以下是一些關於實用網頁SEO的常見問題集：
>
> 1. 什麼是SEO，它對網頁有何影響？
> 2. 我應該如何選擇適合的關鍵字？
> 3. 如何優化網頁標題和描述？
> 4. 是否應該使用長尾關鍵字？
> 5. 如何進行內容優化以提高搜索引擎排名？
> 6. 是否需要為每個網頁都設置唯一的meta描述？
> 7. 是否有必要在URL中包含關鍵字？
> 8. 圖像優化對SEO有何影響？
> 9. 如何創建高品質的背鏈（Backlinks）？
> 10. 網站速度對SEO有何重要性？
> 11. 如何處理重複內容的問題？
> 12. 應該在網站上使用內部連結嗎？
> 13. 如何優化移動設備上的網頁？
> 14. 如何處理404錯誤頁面？
> 15. 網站安全對SEO有何影響？
> 16. 是否需要在網站上使用XML網站地圖？
> 17. 應該如何使用標題標籤（H1、H2等）？
> 18. 如何最佳化網站結構和內部連結？
> 19. 是否需要在網站上使用結構化數據（Schema Markup）？
> 20. 如何追蹤和監測SEO效果？
>
> 這些問題涵蓋了一些常見的實用網頁SEO議題，希望能對你有所幫助。如果你有任何進一步的問題，請隨時提出！

接著各位如果對任何一個問題感興趣，還可以進一步提問，如下圖所示：

> TX ‎ 什麼是SEO，它對網頁有何影響？

SEO代表搜索引擎優化（Search Engine Optimization）。它是一系列技術和策略，旨在改善網站在搜索引擎結果頁面（SERP）中的排名，從而增加有機（非付費）流量和提高網站的可見性。

SEO對網頁有以下影響：

1. 提高有機流量：當你的網站在搜索引擎中的排名提高時，更多的用戶會點擊你的網站鏈接，增加你的網站訪問量。
2. 增強網站可見性：通過優化網站，使其在搜索引擎中更容易被發現，提高網站的曝光度和知名度。
3. 提高用戶體驗：SEO優化包括提升網站速度、改善網站結構和導航，這些都可以提高用戶的體驗，使他們更願意在你的網站上停留和與之互動。
4. 提高轉換率：優化網站內容和結構可以吸引到更具目標的流量，增加轉換率，例如購買產品、填寫表單或訂閱電子報等。
5. 建立品牌權威：當你的網站在搜索引擎中的排名提高時，它給人一種權威性和可信度的印象，幫助建立品牌形象和口碑。

總而言之，SEO對網頁有助於增加流量、提高可見性、改善用戶體驗、提升轉換率和建立品牌權威。通過遵循SEO最佳實踐，你可以在搜索引擎中獲得更好的排名，從而在競爭激烈的網絡環境中脫穎而出。

6-7-2 SEO關鍵字研究

關鍵字研究是SEO不可或缺的一環，店家在開始建置網站時，進行關鍵字搜尋是非常重要的步驟，在制定SEO策略之前，需要先了解使用者的搜尋方式和意圖與評估數據和競爭對手，並定期檢討和更新你的關鍵字選擇。以下為關鍵字研究應用實例，例如請求ChatGPT幫忙生成關鍵字清

單，例如：

提問：

　　請幫我生成一個包含10個關鍵字清單，這些關鍵字與「速記法」有關。

ChatGPT回答畫面：

> TX　請幫我生成一個包含10個關鍵字清單，這些關鍵字與「速記法」有關
>
> ⟠　以下是與「速記法」相關的10個關鍵字清單：
>
> 1. 速記技巧
> 2. 速記筆記
> 3. 速記訓練
> 4. 速記工具
> 5. 速記方法
> 6. 速記學習
> 7. 速記應用
> 8. 速記系統
> 9. 速記編碼
> 10. 速記教程
>
> 這些關鍵字可以用於優化與速記法相關的網頁內容，以提高搜索引擎的可見性，吸引更多與速記法相關的目標受眾。請注意，在實際應用中，你還需要進行進一步的研究和分析，以選擇最適合你業務需求的關鍵字。

6-7-3 關鍵字分類的技巧

　　我們可以利用ChatGPT根據關鍵字的特點或使用者的搜尋動機進行分類，以提供更具針對性的資訊。例如，當有人想尋找與「速記法」相關的內容時，他們可能想了解有關工具、課程、方法論或應用的資訊。在這種

情況下，我們可以要求ChatGPT以表格的方式進行分類，讓使用者更容易找到所需的資訊。這種個別化的回答方式可以提供更具價值和有用性的內容，讓使用者能夠更迅速地找到他們所需要的特定領域的資訊。透過ChatGPT的分類能力，我們可以更好地滿足使用者的需求並提供更優質的搜尋體驗。

提問

　　將關鍵字以表格方式呈現，並且依照其搜尋意圖分類為工具、課程、方法論或應用進行分組。

ChatGPT回答畫面：

| TX 將關鍵字以表格方式呈現，並且依照其搜尋意圖分類為工具、課程、方法論或應用進行分組 |

以下是根據搜尋意圖分類為工具、課程、方法論或應用的「速記法」關鍵字清單：

類別	關鍵字
工具	速記筆記
工具	速記工具
工具	速記系統
工具	速記編碼
課程	速記訓練
課程	速記學習
課程	速記教程
方法論	速記技巧
方法論	速記方法
應用	速記應用

這個表格可以幫助你更清晰地了解每個關鍵字的搜尋意圖分類。你可以根據這些分類來規劃和優化與速記法相關的網頁內容，以提供更符合用戶需求的資訊。

6-7-4 生成SEO的吸睛標題

對於SEO而言，標題就顯得非常重要，因為會直接影響使用者對於網頁的第一印象，甚至是點擊與瀏覽的意願，以下讓我們就透過ChatGPT來生成一個吸引人且符合SEO規範的標題，以行銷「油漆式速記法」為例，期待標題將為我們的內容帶來更多曝光和點擊，同時傳達出油漆式速記法的獨特價值和吸引力。

提問：

請給我五個較會引人感興趣文章標題並符合SEO規範，與關鍵詞「油漆式速記法」相關。

ChatGPT回答畫面：

TX　請給我五個較會引人感興趣文章標題並符合 SEO 規範，與關鍵詞「油漆式速記法」相關

以下是五個引人注意且符合SEO規範的文章標題，與關鍵詞「油漆式速記法」相關：

1. 「從零開始學習油漆式速記法：快速記錄和組織重要信息」
2. 「油漆式速記法的奇招：提升工作效率和記憶力的祕訣」
3. 「油漆式速記法 vs. 傳統筆記：哪種方法更適合你？」
4. 「透過油漆式速記法掌握會議：技巧、工具和最佳實踐」
5. 「如何在學習中應用油漆式速記法：提高知識吸收和回顧效果」

這些標題既能夠吸引讀者的興趣，同時也包含了關鍵詞「油漆式速記法」，有助於提升文章在搜索引擎中的可見度和排名。請記住，在撰寫文章內容時，確保內容與標題相關並提供有價值的資訊，以提升讀者的閱讀體驗。

6-7-5 DIY你的頁面描述（Description）

　　頁面描述（Meta description）是位於網頁HTML程式碼中的一個元素，用於提供對搜索引擎和網頁用戶的簡要描述，提供簡明的網頁摘要，通常出現在搜索引擎結果頁面（SERP）中的藍色可點擊鏈接，雖然meta沒有SEO的實質影響，主要用途爲類似廣告文案的功能，但是對於從SERP獲得用戶點擊是非常重要，不僅可以提供用戶關於網頁內容的預覽，還可以吸引用戶的注意並說明網頁的獨特價值。

　　我們可以請求ChatGPT協助，快速撰寫頁面描述（Description），例如我們希望行銷「油漆式速記法」。

提問：

　　請以繁體中文寫一個meta description，標題爲「油漆式速記法」及關鍵字爲「速記方法」，只需撰寫頁面描述（Description），字數在100個以內。

ChatGPT回答畫面：

> 請以繁體中文寫一個 meta description，標題為「油漆式速記法」及關鍵字為「速記方法」，只需撰寫頁面描述 (Description)，字數在 100 個以內。

> 在頁面描述（Description）的範例中，標題為「油漆式速記法」，關鍵字為「速記方法」。以下是一個符合要求的範例：
>
> 「想要提升你的記憶力和效率嗎？透過油漆式速記法，學習快速記錄重要資訊的方法。掌握簡單而有效的速記技巧，提高學習和工作效果。了解更多關於速記方法的秘訣和最佳實踐，開始在生活中運用這項強大的工具！」
>
> 這個頁面描述使用簡潔的語言，強調了使用油漆式速記法提升記憶力和效率的優點，同時也提供了一個具體的行動呼籲，邀請讀者了解更多關於速記方法的資訊。字數在 100 個以內，能夠有效吸引用戶的注意力並概括網頁的內容。

6-7-6 網站文案大綱規劃、內容生成與改寫

　　主題與大綱發想一直是創作者與小編的首個難關，在進行SEO文案規劃時，通常都會先擬定好大綱，建立一個優質的大綱結構更是重要。這能確保你的文章內容有良好的組織性，文章的脈絡才能顯得井然有序，這種條理式的文章結構也更符合SEO的要求。良好的大綱結構還能提供讀者良好的閱讀體驗，藉由合理安排內容的層次結構，你能夠為你的文章提供一個強而有力的框架，以吸引讀者與Google，並提升網站的SEO排名。

提問：

　　請規劃一篇符合SEO架構的文章大綱，並簡短說明段落簡介，主題為「油漆式速記法」。

ChatGPT回答畫面：

　　優質的文案內容一直都是SEO優化工作的基礎訴求，ChatGPT還可以幫助你直接撰寫文案！特別是一般銷售或產品文案的字數都不會太多，但需求量卻很高，如果店家貨品牌想大量快速生成文案，可以利用以下的提示技巧，更精確地指導ChatGPT生成符合你需求的文案，以滿足特定受眾、結構要求和內容方向。

●指定文案受眾：例如撰寫適合忙碌上班族的文案，關注時間管理、壓力減輕和工作效率提升等方面。或是為企業家撰寫文案，關注創業、管理、市場策略和企業成長等相關主題。

●指定文案架構：包含前言、要點、總結、常見問題，在文案中明確安排這些結構，使其更有條理、易讀且有層次感。或是根據你的需求和內容特點，制定一個特定的文案架構，以便清晰傳達訊息和呈現內容。

●指定文案內容方向：包含討論產品、服務或概念的優點和缺點，幫助讀者做出更明智的選擇。或是在文案中明確提供行動呼籲，引導讀者進行特定的行動，例如訂閱電子報、購買產品、填寫表格等。

輸入問題：

　　請寫出"請為研發廠商撰寫一篇如何推廣油漆式速記法，包含前言、方法特色、常見問題，內容需提到這個方法優點及行動呼籲"的Instagram post內文

ChatGPT回答畫面：

◀️ 探索油漆式速記法的革命性方法！🖊️

前言：
想提升你的工作效率並擁有更聰明的記錄方式嗎？讓我向你介紹油漆式速記法！這個創新的方法結合了速度、組織和創意，將幫助你在研發領域取得更大的突破！🚀

方法特色：
◆ 快速紀錄：油漆式速記法讓你以極快的速度將重要資訊記錄下來，不錯過任何重要細節！
◆ 組織整理：透過圖像、符號和結構化的方式，你可以輕鬆整理和管理大量資訊，讓想法更有條理。
◆ 創意表達：這個方法允許你以獨特且創意的方式呈現想法，激發更多創意和靈感。

常見問題：
❓ 問題一：這個方法是否適用於不同的行業？
回答：絕對！油漆式速記法適用於各種行業和領域，包括研發、設計、創意行業等。它是一個通用且高效的工具！

❓ 問題二：我需要具備繪畫技巧才能使用嗎？
回答：不需要！油漆式速記法並不要求你有專業的繪畫技巧。它更著重於快速和簡潔的表達方式，讓你的訊息更清晰易懂。

優點：
☑️ 提升工作效率和創造力
☑️ 更好地記錄和組織重要資訊
☑️ 激發創意和靈感

行動呼籲：
如果你渴望提升你的研發工作和團隊的效率，現在就開始使用油漆式速記法！📓💡 關注我們的頁面，獲取更多關於這個方法的資訊和實用技巧！一起探索油漆式速記法的奇妙世界吧！
👍✨

#油漆式速記法 #研發 #工作效率 #創意表達 #記錄方法 #提升創造力

　　由於在AI工具盛行的世界裡，製作內容不再是一件困難的事，如果創作者對於自己的文案內容不滿意，也可以透過ChatGPT來改寫文案，這樣的過程可以不斷優化文案，提供更優質、精準的內容呈現，以滿足您的期望和需求。

6-7-7 301轉址程式碼生成

　　301轉址（301 redirect）是將一個URL永久重新導向／跳轉到另一個URL，ChatGPT也可以幫助行銷人員生成301轉址程式碼，這對於網站重定向和頁面重組非常有用。所謂htaccess 301重新導向轉址規則是指在網站的.htaccess檔案中設置規則，能夠幫助我們透過簡單的幾行程式碼，就能輕鬆的寫入Redirect規則，實現301轉址，並以301永久重定向的方式進行。各位利用ChatGPT只要透過簡單的文字指令，快速生成所需的程式碼，無需擁有深厚的程式基礎。

提問：

　　請幫我生成.htaccess 301重新導向規則：將/index.html轉址到/ zct_add /、將intro.zct.com.tw子網域轉址到zct.com.tw子網域。

ChatGPT回答畫面：

> TX　請幫我生成 .htaccess 301 重新導向規則：將 /index.html 轉址到 / zct_add / 、將
> intro.zct.com.tw 子網域轉址到 zct.com.tw 子網域
>
> 以下是您所需的 .htaccess 301 重新導向規則：

```apache
RewriteEngine On

# 將 /index.html 轉址到 /zct_add/
RewriteRule ^index\.html$ /zct_add/ [R=301,L]

# 將 intro.zct.com.tw 子網域轉址到 zct.com.tw 子網域
RewriteCond %{HTTP_HOST} ^intro\.zct\.com\.tw$ [NC]
RewriteRule ^(.*)$ http://zct.com.tw/$1 [R=301,L]
```

> 這些規則將使用 301 重新導向將 `/index.html` 轉址到 `/zct_add/`，並將
> `intro.zct.com.tw` 子網域轉址到 `zct.com.tw` 子網域。

6-7-8 提供robots.txt建議

robots.txt是一個文本文件（ASCII編碼的文字檔案），位於網站的根目錄下，不過不是每個網站都要必備，主要用於告知網路爬蟲（Web crawler），會先嘗試擷取robots.txt檔案，尋求檢索權限，哪些頁面可以訪問，哪些頁面不應該被訪問，確保搜索引擎能夠正確理解並遵守網站的爬取規則。至於提供robots.txt設置建議是指根據網站的需求和目標，為robots.txt檔案提供相應的設定，以控制搜尋引擎爬取和索引網站的行為，同時確保重要的網頁被正確索引，不希望被索引的頁面被排除在外。

提問：

請幫我生成robots.txt規則，以下是所需的robots.txt規則，以阻止搜尋引擎索引指定的頁面或檔案：禁止索引/wp-admin/目錄下的所有內容，禁止索引包含/feed/目錄的所有頁面，以及禁止索引任何svg檔案。

ChatGPT回答畫面：

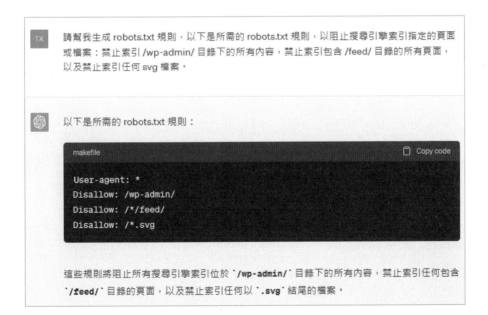

6-7-9 自動生成hreflang標籤

　　商業網站有些時候是需要爲不同地區語言提供不同版本的內容，hreflang標籤是一種HTML屬性，能幫助搜索引擎了解網站內容的語言和目標受眾，多半用於指示不同語言版本的頁面之間的關係，也是優化網站以實現國際化SEO的關鍵步驟。網站管理者透過多語言標籤生成器，可以輸入相應的語言版本和對應的URL，能夠告訴搜尋引擎網站的某些頁面使用的是何種語言，然後工具會根據這些資訊自動產生正確的hreflang標籤，標籤能指明頁面的語言和目標受眾的位置，使得用戶能夠更容易地找到他們所需的語言版本頁面，除了提高搜索引擎排名外，大幅提升用戶體驗。

提問：

　　請幫我生成多語言標籤生成器- hreflang標籤，包含語言及地區代碼，並將預設語言設定爲繁體中文的台灣，其他語系包含使用英文的美國、使用日文的日本、使用韓文的韓國、使用越南文的越南、使用印尼文的印尼、使用泰文的泰國

ChatGPT回答畫面：

多語言標籤生成器是一個方便的工具，用於生成多語言網站所需的 hreflang 標籤。這些標籤包含了語言及地區代碼，以幫助搜尋引擎理解網站的不同語言版本。

以下是根據您提供的需求生成的多語言標籤範例：

```html
<!-- 繁體中文 - 台灣 -->
<link rel="alternate" hreflang="zh-TW" href="https://example.com/" />

<!-- 英文 - 美國 -->
<link rel="alternate" hreflang="en-US" href="https://example.com/en-us/" />

<!-- 日文 - 日本 -->
<link rel="alternate" hreflang="ja-JP" href="https://example.com/ja-jp/" />

<!-- 韓文 - 韓國 -->
<link rel="alternate" hreflang="ko-KR" href="https://example.com/ko-kr/" />

<!-- 越南文 - 越南 -->
<link rel="alternate" hreflang="vi-VN" href="https://example.com/vi-vn/" />

<!-- 印尼文 - 印尼 -->
<link rel="alternate" hreflang="id-ID" href="https://example.com/id-id/" />

<!-- 泰文 - 泰國 -->
<link rel="alternate" hreflang="th-TH" href="https://example.com/th-th/" />

<!-- 預設語言 - 繁體中文 - 台灣 -->
<link rel="alternate" hreflang="x-default" href="https://example.com/" />
```

　　這些hreflang標籤可以放置在您網站的<head>標籤中。透過指定正確的hreflang屬性值，搜尋引擎將能夠辨識並顯示適當的語言和地區版本給使用者。請根據您的網站架構和頁面路徑，調整href屬性的值以確保正確連結到每個語言和地區的頁面。

CHAPTER

6

## 第七章

讓 ChatGPT 變得更強大的擴充功能

　　擴充功能是一種可以動態添加到應用程式中的外掛程式，可以增強該應用程式的功能或添加新的功能。透過使用擴充功能，可以使ChatGPT更加靈活和可擴充，並為用戶提供更多實用的功能。本章將以Chrome瀏覽器為主，介紹幾個最熱門的Chrome擴充功能，以及如何使用它們來增強ChatGPT的能力。

7-1 即時網頁聊天伴侶：WebChatGPT

　　WebChatGPT是一個基於網頁的聊天機器人程式。它使用OpenAI的語言模型，具有自然語言處理的能力，可以回答問題、提供資訊、執行指令等。WebChatGPT的功能包括：

● 回答問題：你可以提出各種問題，包括常見知識、事實查詢、定義解釋等，它會試圖給出最合適的回答。

● 提供資訊：你可以尋求關於特定主題的資訊，如新聞、歷史、科學、技術等，它會努力提供相關的內容。

● 執行指令：如果你有需要，你可以讓WebChatGPT執行一些指令或請求，如計算數學問題、翻譯文字、生成文本等。

目前OpenAI限制了ChatGPT聊天機器人檢索資料庫在2021年以前的數據，因此當問到較新的知識或科技或議題，對ChatGPT聊天機器人或許就不具備回答的能力。現在我們可以透過WebChatGPT這個Chrome瀏覽器的外掛程式，就可以幫助ChatGPT從Google搜尋到即時數據內容，然後根據搜尋結果整理出最後的回答結果。也就是說，使用WebChatGPT可以讓你有更多選項可以客製化ChatGPT想要的結果。

至於如何在你的Chrome瀏覽器安裝WebChatGPT外掛程式，首先可以在Google搜尋引擎輸入「如何安裝WebChatGPT」，就可以找到「WebChatGPT：可連上網訪問互聯網的ChatGPT」網頁，如下圖所示：

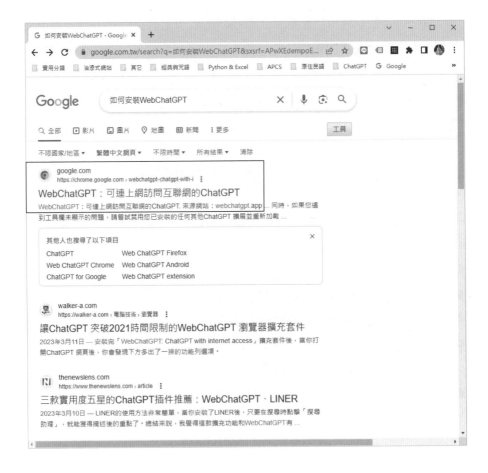

請用滑鼠點選該連結，連上該網頁，接著按下圖中的「加到Chrome」鈕：

出現下圖視窗詢問是否要新增「WebChatGPT：可連上網訪問互聯網的ChatGPT」這項外掛程式的擴充功能：

CHAPTER

7

CHAPTER

7

　　只要直接按上圖的「新增擴充功能」鈕，就可以將「WebChatGPT：可連上網訪問互聯網的ChatGPT」加入到Chrome，完成外掛程式「WebChatGPT」的安裝工作。如下圖所示：

　　接著我們就以詢問同一個問題的實例，來說明在還沒安裝WebChatGPT外掛程式ChatGPT的回答內容及安裝了WebChatGPT外掛程式ChatGPT的回答內容，兩者之間的差別，提問同一個問題：「請說明2022年新冠疫情」。

　　下圖是未安裝WebChatGPT前的ChatGPT回答內容，各位可以注意到ChatGPT的資訊來源來自2021年以前，因此它無法回答2022年新冠疫情。

請說明2022年新冠疫情

抱歉，我無法提供有關2022年的新冠疫情資訊，因為我的知識截至於2021年9月，而且我無法提供特定日期之後發生的事件的詳細資料。新冠疫情是一個持續發展的全球議題，疫情情況會隨時間不斷變化。建議您參考可靠的新聞來源、衛生組織或當地政府機構的資訊，以獲取有關2022年新冠疫情的最新資訊。

　　但是安裝WebChatGPT後的ChatGPT回答內容，就會先列出網頁的搜尋結果，再根據所取得的網頁知識，整理出更符合期待且資訊較新的回答內容。如下圖所示：

根據提供的網絡搜索結果，以下是2022年新冠疫情的相關訊息：

2022年的新冠疫情仍然持續全球蔓延。根據中央流行疫情指揮中心的公告，他們表示國內外的疫情趨緩，如果疫情穩定，自2023年3月20日起，將調整「嚴重特殊傳染性肺炎」的疾病通報定義。從該日起，符合COVID-19併發症（中重症）條件的民眾需要通報並進行隔離治療，而輕症或無症狀的民眾如檢驗結果呈陽性，則不需要通報[1]。

此外，衛生單位於2022年3月1日開始實施了第十一輪家用抗原快篩試劑實名制，民眾可以使用健保卡購買。對於0-6歲的學齡前幼兒和65歲以上的長者，則提供免費家用抗原快篩試劑，該項服務計劃到2022年2月28日結束，符合資格但尚未領取的民眾請盡快使用健保卡領取[2]。

政府強調，進一步優化調整防控措施不是為了放鬆防控，更不是放開或躺平，而是為了應對新冠病毒變異的新特點和疫情防控的新形勢，堅持既定的防控策略和方針，進一步提升防控的科學性和精準性，以最大程度保護人民的生命安全和身體健康[3]。

請注意，我提供的資訊僅基於網絡搜索結果，建議參考可靠的衛生組織或政府機構的官方資訊以獲取關於2022年新冠疫情的最新和正確資訊。

　　也就是說這個Chrome外掛程式會將所搜尋到的網頁查詢結果，結合了ChatGPT與Google搜尋，就能突破ChatGPT只能整理學習2021年以前資料的限制。

各位應該注意到，當你安裝完WebChatGPT，請打開你的ChatGPT平台，會發現對話框下已經出現了「Web Access」，以及「Any Time」「Any Region」等多個選項，這些選項的意義分別告知ChatGPT聊天機器人要從多少個網頁搜尋結果來作答、所設定的時間及地區範圍為何？

如果要暫時關閉這個擴充功能或移除這個外掛程式，可以在Chrome功能選單中執行「更多工具/擴充功能」指令進入下圖頁面，就可以暫時關閉或移除這個擴充功能。如下圖所示：

7-2 智慧提示：ChatGPT Prompt Genius

　　ChatGPT Prompt Genius是一款Google Chrome的擴充程式，以下是ChatGPT Prompt Genius的功能介紹：

● 同步聊天歷史：該擴充程式可以將聊天歷史本地同步，以便輕鬆訪問和搜尋。

● 儲存聊天記錄：使用者可以將聊天記錄保存為Markdown、HTML、PDF或PNG格式。其中Markdown是一種輕量級標記式語言，它允許人們使用易讀易寫的純文字格式編寫文件，然後轉換成有效的XHTML文件。

● 自訂ChatGPT：使用者可以根據需要自行定義ChatGPT的設置和外觀。

● 創建更好的提示：這個擴充程式可以幫助使用者生成更好的提示，從而讓ChatGPT生成更優質的回答。

　　ChatGPT Prompt Genius提供的功能有助於增強ChatGPT的使用體驗，提高模型生成回答的質量。該擴充程式可以方便地儲存和搜尋聊天歷史，並提供了自訂和生成提示的功能，讓使用者更加靈活地使用ChatGPT。首先請在「chrome線上應用程式商店」輸入關鍵字「ChatGPT Prompt Genius」，接著點選「ChatGPT智慧提示」擴充功能：

CHAPTER

7

　　當安裝了這個外掛程式之後，在ChatGPT的提問環境的左側就會看到
「Share & Export」功能，按下該功能表單後，可以看到四項指令，分別
爲「下載PDF」、「下載PNG」、「匯出md」、「分享連結」，如下圖
所示：

其中「下載PDF」指令可以將回答內容儲存成PDF文件。其中「下載PNG」指令可以將回答內容儲存成PNG圖片格式保存。如果想要分享連結，則可以執行「分享連結」指令。

7-3 YouTube摘要：YouTube Summary with ChatGPT

「YouTube Summary with ChatGPT」是一個免費的Chrome擴充功能，可讓您透過ChatGPT AI技術快速觀看的YouTube影片的摘要內容，有了這項擴充功能，能節省觀看影片的大量時間，加速學習。另外，您可以透過在YouTube上瀏覽影片時，點擊影片縮圖上的摘要按鈕，來快速查看影片摘要。首先請各位先在Chrome瀏覽器的功能選單中執行「更多工具／擴充功能」指令進入如下圖的「擴充功能」頁面，接著就可以如下圖指示位置開啟Chrome線上應用程式商店：

接著請在「chrome線上應用程式商店」中輸入關鍵字「YouTube Summary with ChatGPT」，接著點選「YouTube & Article Summary powered by ChatGPT」擴充功能：

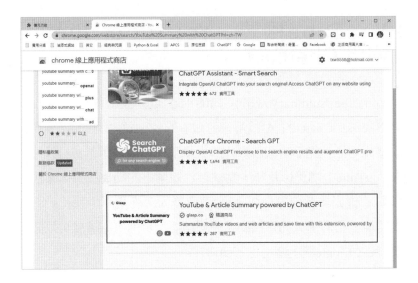

接著會出現下圖畫面，請按下「加到Chrome」鈕：

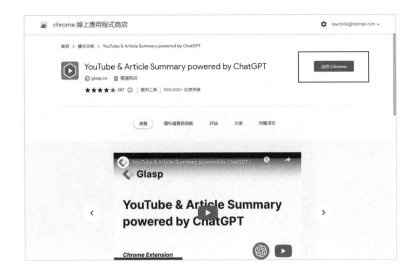

出現下圖視窗後，再按「新增擴充功能」鈕：

完成安裝後，各位可以先看一下有關「YouTube Summary with ChatGPT」擴充功能的影片介紹，就可以大概知道這個外掛程式的主要功能及使用方式：

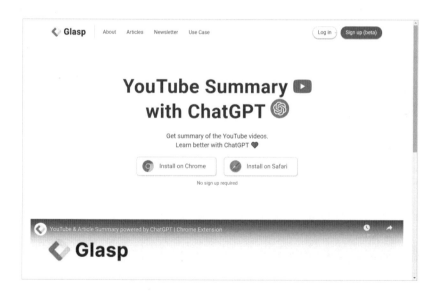

我們可以將這項擴充功能固定在瀏覽器的工具列上，請先點擊「擴充功能」鈕，接著在要固定在書籤列的擴充功能的右側按下「固定」鈕，就可以將該擴充功能的圖示鈕固定在書籤列上。如以下的操作步驟：

CHAPTER

7

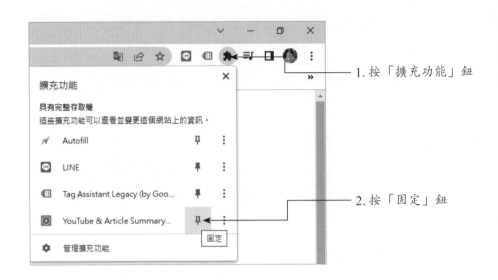

1. 按「擴充功能」鈕

2. 按「固定」鈕

已將這個擴充功能固定在書籤列了

接著就以實際例子來示範如何利用這項外掛程式的功能，首先請連上 YouTube 觀看想要快速摘要了解的影片，接著按「YouTube Summary with ChatGPT」擴充功能右方的展開鈕：

Transcript & Summary

就可以看到這支影片的摘要說明，如下圖所示：

https://www.youtube.com/watch?v=36qdXgYizfs plug040

在上圖中各位可以看到一個工具列 ，由左到右的功能分別為「View AI Summary」、「Jump to Current Time」、「Copy Transcript(Plain Text)」三項功能。其中「View AI Summary」鈕會啟動 ChagGPT 來查看該影片的摘要功能，如下圖所示：

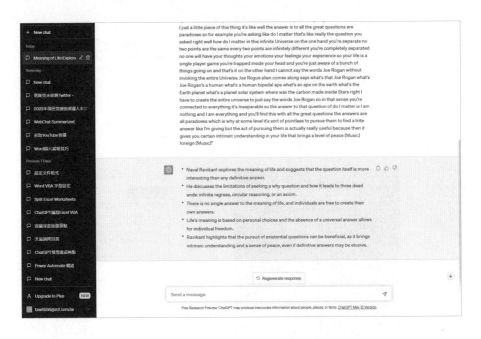

其中「Jump to Current Time」」鈕則會直接跳到目前影片播放位置的摘要文字說明，如下圖所示：

當您點擊「Copy Transcript(Plain Text)」按鈕時，將會複製摘要說明的純文字檔。您可以根據自己的需求，將其貼上到指定的文字編輯器中，進行進一步應用。下圖顯示了將摘要文字內容貼到Word文書處理軟體的畫面：

其實YouTube Summary with ChatGPT這款擴充功能，它的原理就是將YouTube影片字幕提供給ChatGPT，再根據這個字幕的文字內容，快速摘要出這支影片的主要重點。

7-4 摘要生成魔法師：Summarize

　　Summarize這個AI助手可以即時爲文章和文字提供摘要。我們的AI摘要技術（由ChatGPT提供支持）經過訓練，可以提供全面且高質量的摘要，以實現極速和理解能力的最大化。使用Summarize擴充功能，只要透過滑鼠的點擊就可以取得頁面的主要思想，而且可以不用離開頁面，這些頁面的內容可以是閱讀新聞、文章、研究報告或是部落格。首先請在「chrome線上應用程式商店」輸入關鍵字「Summarize」，接著點選「Summarize」擴充功能：

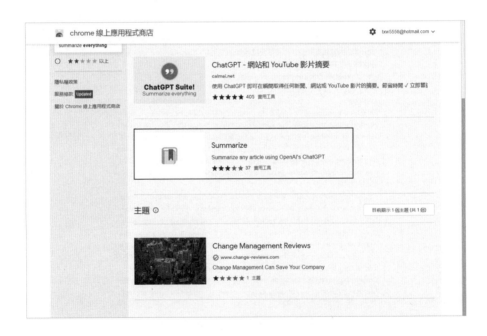

　　接著會出現下圖畫面，請按下「加到Chrome」鈕：

接著請將這個外掛程式固定在瀏覽器的工具列上，當在工具列上按下▣圖示鈕啟動Summarize擴充功能時，如果還沒有登入ChatGPT，會被要求先行登入。當用戶登入ChatGPT之後，以後只要在所瀏覽的網頁按下▣圖示鈕啟動Summarize擴充功能時，這時候就會請求OpenAI ChatGPT的回應，之後就以快速透過Summarize這個AI助手立即摘要該網頁內容或部落格文章，如下圖所示：

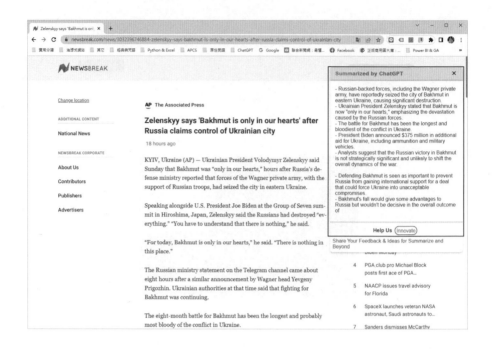

7-5 Google聊天助手：ChatGPT for Google

　　ChatGPT for Google是一個擴充功能的外掛程式，專為Google Chrome瀏覽器設計。ChatGPT for Google可以理解和處理自然語言，並提供相應的回應或處理建議。它可以幫助用戶解答問題、提供訊息、完成任務等。ChatGPT for Google能夠進行對話，理解上下文並根據先前的對話內容做出回應。這使得它在提供客戶服務、虛擬助手、問答系統等方面具有應用價值。它可以在您的瀏覽器上提供智慧的對話助手，幫助您在各種情境中快速獲得回答、解決問題或尋找資訊。無論您需要查詢網頁上的知識、尋找建議、提供摘要、進行翻譯或進行一般性對話。

　　此外，ChatGPT for Google還支援多種語言，ChatGPT for Google支持多種語言，能夠處理不同語言的對話和請求，從而滿足全球用戶的需求。要安裝這個擴充功能，首先請開啟「chrome線上應用程式商店」，

並輸入關鍵字「ChatGPT for Google」進行搜尋,就可以找到該擴充功能。

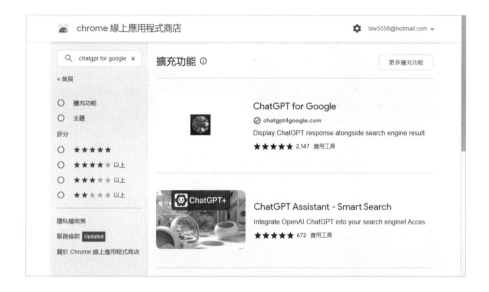

接著用滑鼠點選「ChatGPT for Google」擴充功能,在下圖中按「加到Chrome」鈕就可以安裝Chrome外掛程式。

因為ChatGPT for Google支援多國語言，我們可以將語言修改設定為繁體中文，作法如下：

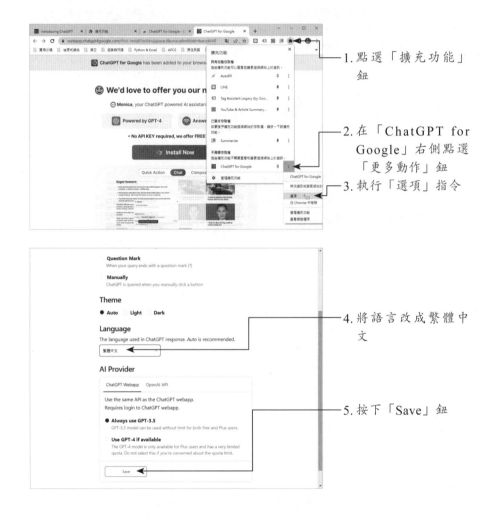

1. 點選「擴充功能」鈕

2. 在「ChatGPT for Google」右側點選「更多動作」鈕

3. 執行「選項」指令

4. 將語言改成繁體中文

5. 按下「Save」鈕

接著各位只要在Google搜尋時，就可以在右側看到ChatGPT的回答，只是有點小遺憾，這個外掛程式有點像將ChatGPT置入搜尋頁面，他並不是從網頁中去搜尋最新的網頁資訊，因為回答內容仍受限於2021年以前的知識背景。

　　我們也可以直接在Google搜尋頁面右方的窗格來使用ChatGPT進行互動提問，只要按上圖中的「Let's Chat」鈕，就會出現下圖頁面，方便使用者直接和ChatGPT互動進行對話。

7-6 語音控制：Voice Control for ChatGPT

　　Voice Control for ChatGPT是一個Chrome擴充功能，旨在協助您透過語音與OpenAI的ChatGPT進行對話。這個擴充功能可用於提升您的英文聽力和口說能力。它會在ChatGPT的提問框下方添加一個額外的按鈕，只需點擊該按鈕，擴充功能將錄製您的聲音並將您的問題提交給ChatGPT。

　　現在，我們將示範如何安裝Voice Control for ChatGPT並使用其基本功能。請按照以下步驟進行操作：

1. 首先，在Chrome瀏覽器的「Chrome線上應用程式商店」中輸入「Voice Control for ChatGPT」關鍵字。

2. 接著，選擇「Voice Control for ChatGPT」擴充功能，並點擊安裝。

3. 一旦安裝完成，您將看到下圖所示的畫面。請點擊「加到Chrome」按鈕：

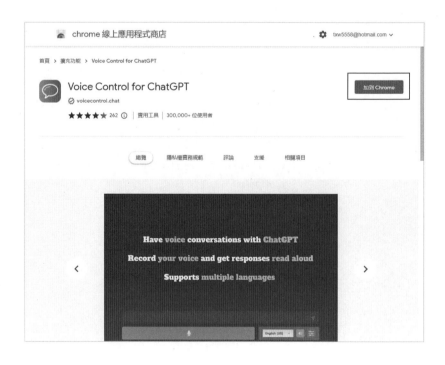

安裝完成後，請打開ChatGPT畫面。您將看到一個類似下圖的介面。在這個介面上，如果您按下如下圖所示的「麥克風」按鈕，第一次使用時會要求您許可取用您電腦系統的「麥克風」設備，只要允許「Voice Control for ChatGPT」外掛程式取用，就進入語音輸入的環境：

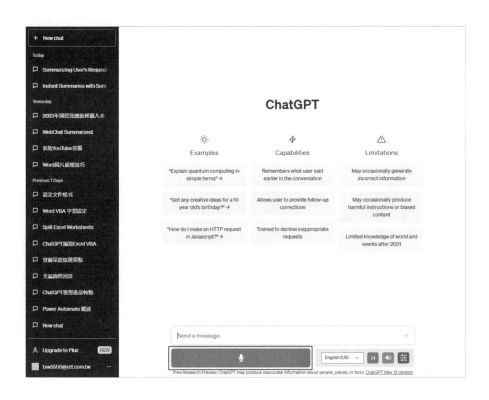

接著只要「麥克風」鈕被按下後就會變成紅色，表示已等待對麥克風講話，例如筆者念了「what is GPT」，講完後，再按一次「麥克風」鈕，就會立即被辨識成文字，向ChatGPT提問。

　　而此時ChatGPT會同步將回答內容以所設定的語言念出，例如此處我們設定為「English(US)」，就可以聽到純正的美式英語，這個過程的就是非常好的聽力練習的機會。

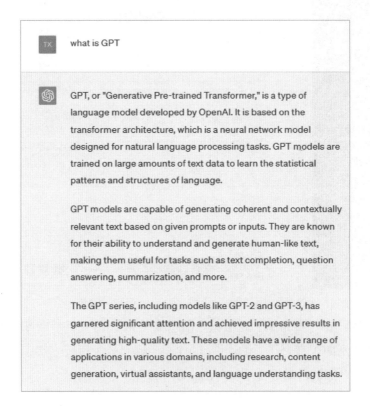

　　安裝了「Voice Control for ChatGPT」這個外掛程式的擴充功能，透過ChatGPT練習英文聽力與口說能力，相信各位的英語口說及聽力一定有大量練習的機會與進步。

7-7 閱讀助手：ReaderGPT

　　使用ReaderGPT擴充功能，可生成任何可讀網頁的摘要，這樣您將節省時間，並且再也不必費心閱讀冗長的內容，大幅提升看您的閱讀和研究效率。

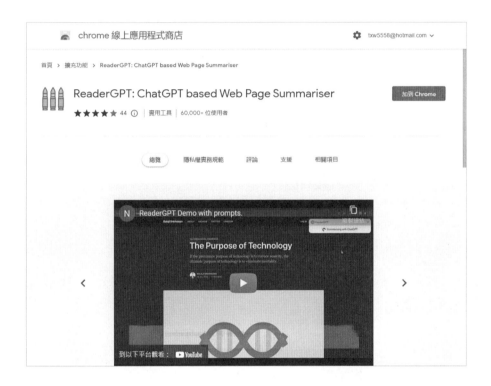

　　為了方便在進入網站後可以快速摘要，我們可以先將ReadGPT釘選在書籤列上：

　　開啟任何一個網頁，再用滑鼠按一下ReadGPT圖示鈕，就可以快速摘要總結網頁文章的內容，目前預設的回答內容是以英文回答：

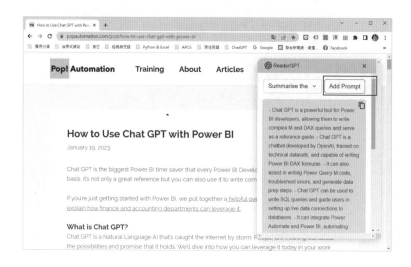

我們可以在上圖中按「Add Prompt」鈕並新增如下的提示（Prompt），改成以繁體中文回答摘要：

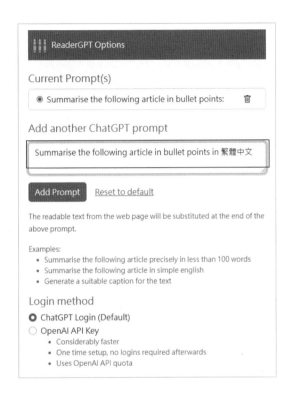

完成新的Prompt之後，同一個網頁如果我們再按一次ReadGPT圖示鈕，就可以快速摘要總結網頁文章的內容，不過這次會改以繁體中文回答，如下圖所示：

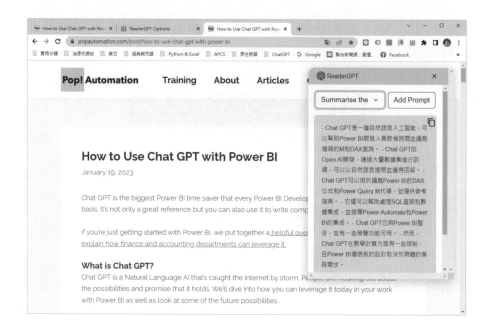

7-8 即時寫作利器：ChatGPT Writer

　　ChatGPT Writer外掛程式可以協助生成電子郵件和訊息，以方便我們可以更快更大量在Gmail快速回覆信件。請在「Chrome線上應用程式商店」找到「ChatGPT Writer」，並按「加到Chrome」鈕將這個擴充功能安裝進來，如下圖所示：

　　安裝完ChatGPT Writer擴充功能後，就可以在Gmail寫信時自動幫忙產出信件內容，例如我們在Gmail寫一封新郵件，接著只要在下方工具列

按「ChatGPT Writer」  圖示鈕，就可以啟動ChatGPT Writer來幫忙進行信件內容的撰寫，如下圖的標示位置：

請在下圖的輸入框中簡短描述你想寄的信件內容，接著再按下「Generate Email」鈕：

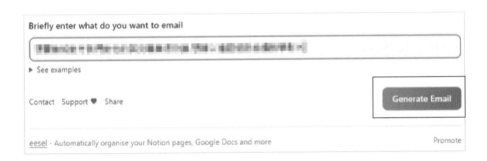

才幾秒鐘就馬上產生一封信件內容，如果想要將這個信件內容插入信件中，只要按下圖中的「Insert generated response」鈕：

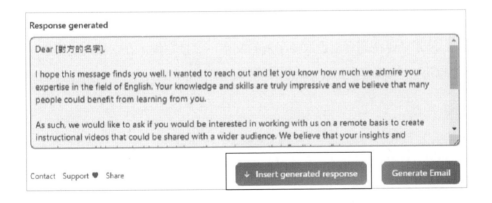

就會馬上在你的新信件加入回信的內容，你只要填上主旨、對方的名字、你的名字，確認信件內容無誤後，就可以按下「傳送」鈕將信件寄出。

7-9 全網站Chat助手：Merlin-ChatGPT Assistant for All Websites

Merlin-Chatgpt可在任何網站上Merlin ChatGPT可以讓您在所有喜愛的網站上使用OpenAI的ChatGPT，幫助您在Google搜尋、YouTube、Gmail、LinkedIn、Github和數百萬個其他網站上使用ChatGPT進行交流，而且是免費的。

首先請在「chrome線上應用程式商店」輸入關鍵字「Merlin」，接著點選「Merlin-ChatGPT Assistant for All Websites」擴充功能，會出現下圖畫面，請按下「加到Chrome」鈕：

接著只要在網頁上選取要了解的文字，並按右鍵，在快顯功能表中執行「Give Context to Merlin」指令：

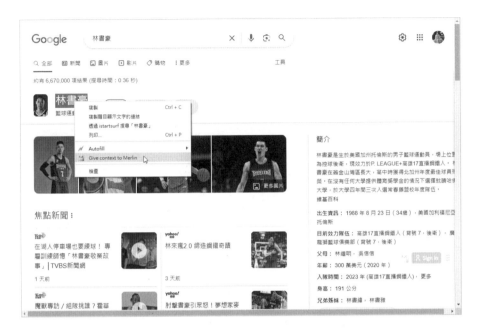

啟動Merlin擴充功能會被要求先行登入帳號：

登入之後，接著就可以在對話視窗進行提問，如下圖所示：

7-10 提示範本大全：AIRPM for ChatGPT

　　AIPRM為ChatGPT新增了一系列經過精心編輯的提示範本，包括SEO、SaaS等，它是一種結合各種提示（Prompt）範本的外掛程式，這些範本可以一種快速簡便的方法來改善網站的搜尋引擎最佳化、行銷、銷售和支援等工作。請各位自行透過Chrome應用程式商店進行搜尋與安裝：

安裝完畢後，AIRPM for ChatGPT擴充功能會直接出現在ChatGPT的主畫面中，會以各種分類的方式選擇Prompt主題，也可以直接搜尋。如下圖所示：

各位可以直接點選Prompt模板，例如寫文章、SEO、關鍵字等，也可以允許各位設定輸出的語言，如下圖所示：

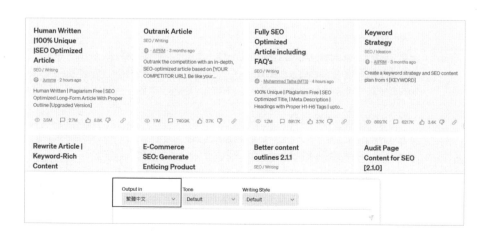

　　例如下圖為「Human Written 100% Unique SEO Optimized Ariticle」模板，我們輸入「網路行銷」的主題：

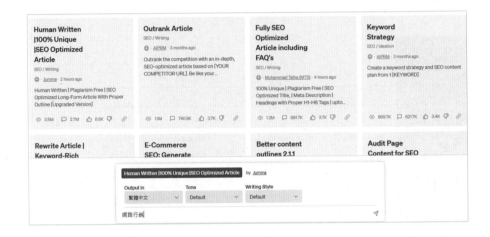

　　接著就會出現類似下圖文章內容：

大力提升業務——網路行銷

在今天快節奏的數位時代，企業持續尋找有效的策略來在線上宣傳他們的產品和服務。網路行銷，又稱為網路營銷或線上行銷，已成為一個強大的工具，能夠觸及更廣泛的受眾並推動業務成長。本文將深入探討網路行銷的各種好處、成功策略以及所面臨的挑戰。讓我們開始吧！

什麼是網路行銷？

網路行銷是指企業利用數位管道來宣傳他們的產品和服務的各種技巧和實踐。它包括各種活動，如搜尋引擎優化（SEO）、社群媒體行銷、內容行銷、電子郵件行銷等。網路行銷的最終目標是在線上吸引和參與潛在客戶，從而推動轉化並促進收入增長。

網路行銷在今天數位世界的重要性

在當今的數位時代，大多數人依賴網路獲取資訊和進行線上購物。因此，網路行銷在確保企業的成功和增長方面扮演著關鍵角色。以下是網路行銷的重要性的幾個關鍵原因：

提高曝光度和覆蓋範圍：通過網路行銷，企業可以顯著擴大他們的覆蓋範圍和曝光度。隨著全球數十億人使用網路，這為企業提供了一個無與倫比的平台，能夠與潛在客戶在地理界限之外建立聯繫。

我們再以另外一個模板示範，下圖是「Outline For Blog Article 2.0」模板，當我們輸入「走路有益健康」主題後，ChatGPT就會產生具結構性的Blog（部落格）大綱。如以下二圖所示：

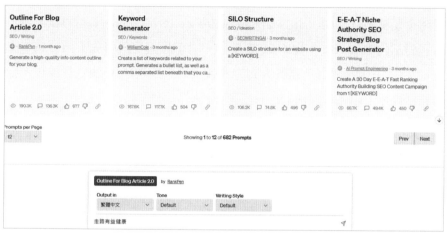

7-11 便捷外部資源：實用的第三方網站

　　另外還有一些第三方網站提供一些實用的功能，例如ChatPDF（https://www.chatpdf.com）可以協助各位從PDF文件中快速整理要點及過濾重要資訊。又如ChatExcel（https://www.chatpdf.com）可以幫助各位透過對話的方式來操空您的Excel表格，它可以讓使用者先上傳要處理的Excel檔案，再透過對話框輸入的方式就可以對Excel工作表進行操作，操作完畢後還可以處理完成的Excel工作表進行下載。

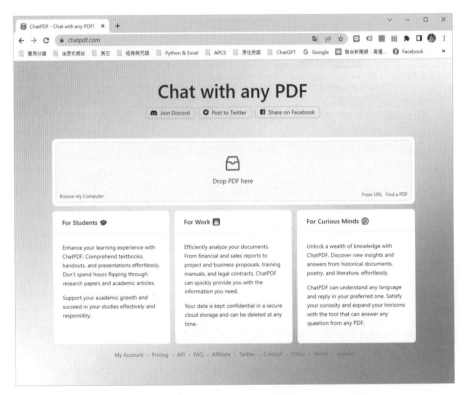

ChatPDF官網https://www.chatpdf.com

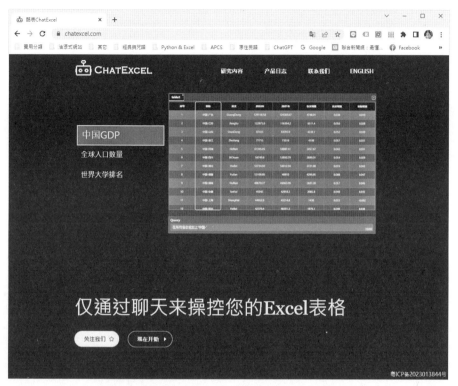

ChatExcel官網https://www.chatexcel.com

　　透過本章的學習，讀者可以瞭解如何使用外掛功能來擴充ChatGPT的功能，這些知識和技巧可以幫助讀者更好地應用ChatGPT，並為他們的應用程式添加更多有用的功能。我們希望本章能夠對讀者有所幫助，讓這些外掛程式能夠更好地應用ChatGPT，提供各位更實用的ChatGPT真實體驗。

## 第八章

ChatGPT 與軟體的整合應用

　　本章將深入探索ChatGPT在軟體整合應用方面的能力。除了提供自然語言處理的功能外，ChatGPT還可以與各種軟體進行整合，從而擴展其應用範圍。我們將介紹如何利用ChatGPT來編寫Excel VBA程式碼，結合其語言處理能力，實現自動化和增強的Excel功能。此外，我們還將關注ChatGPT在Word排版應用方面的應用。您將學習如何利用ChatGPT來調整字體、字型和色彩，使文檔呈現更吸引人的外觀。同時，我們將討論如何使用ChatGPT來改變標題和內文的格式，以提升文檔的結構和可讀性。另外，您還將學習如何利用ChatGPT來對齊Word文檔中的表格，並添加表格框線和網底，以提高表格的可視性和美觀度。最後，我們將重點介紹如何使用ChatGPT處理Word文檔中的圖片和圖形物件，進一步增強文檔的視覺效果。透過學習本章的內容，您將能夠充分利用ChatGPT在軟體整合應用中的優勢，提高工作效率並創造出令人印象深刻的結果。

8-1 利用ChatGPT編寫Excel VBA程式碼

　　本節將介紹如何利用ChatGPT編寫Excel VBA程式碼，以實現自動化的工作表操作。Excel VBA（Visual Basic for Applications）是一種在Microsoft Excel中使用的程式語言，可以透過編寫程式碼來執行各種操作，從而提高工作效率和準確性。在本小節中，我們將學習如何使用ChatGPT來編寫Excel VBA程式碼，並實現一些常用的功能。這些功能包

括拆分工作表和變更工作表背景色。透過ChatGPT的幫助，我們可以快速獲得所需的程式碼，從而節省時間並提高生產力。

8-1-1 請ChatGPT拆分工作表

在本小節中，我們將請ChatGPT協助我們編寫Excel VBA程式碼，用於拆分工作表。拆分工作表是將一個大型工作表分割成多個小型工作表的過程，這對於管理大量資料和提高資料處理效率非常有用。ChatGPT將指導我們如何編寫程式碼來實現這一功能。

輸入問題：

> 請協助生成VBA程式碼，將Excel工作表拆成不同的活頁簿檔案，並將這些檔案儲存在同一路徑，並以該工作表名稱作為該活頁簿的檔案名稱。

ChatGPT回答畫面：

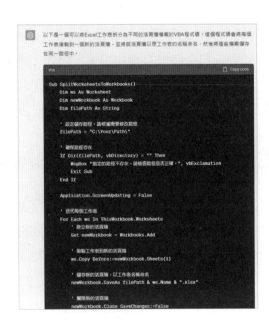

　　接著請按上圖中的「Copy Code」鈕，可以將ChatGPT所提供的VBA程式碼複製下來。接著請各位開啟想要實作這段VBA程式碼的Excel活頁簿檔案。例如下圖中的「在職訓練」Excel活頁簿檔案。

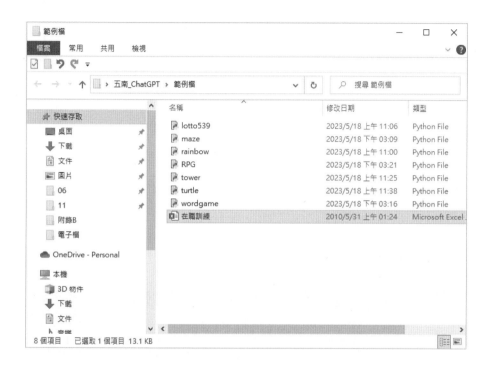

　　這個Excel活頁簿中包含了兩個工作表：「員工成績計算表」及「員工成績查詢」，而我們的任務就是希望可以透過ChatGPT產生的VBA程式碼，分別將這兩個工作表拆分成活頁簿檔案，並以該工作表名稱作為該拆分後的活頁簿檔案的名稱。

CHAPTER

8

	A	B	C	D	E	F	G	H	I	J	K
1	員工編號	員工姓名	電腦應用	英文對話	銷售策略	業務推廣	經營理念	總分	總平均	名次	
2	910001	王楨珍	98	95	86	80	88	447	89.4	2	
3	910002	郭佳琳	80	90	82	83	82	417	83.4	8	
4	910003	葉千瑜	86	91	86	80	93	436	87.2	4	
5	910004	郭佳華	89	93	89	87	96	454	90.8	1	
6	910005	彭天慈	90	78	90	78	90	426	85.2	6	
7	910006	曾雅琪	87	83	88	77	80	415	83	9	
8	910007	王貞琇	80	70	90	93	96	429	85.8	5	
9	910008	陳光輝	90	78	92	85	95	440	88	3	
10	910009	林子杰	78	80	95	80	92	425	85	7	
11	910010	李宗勳	60	58	83	40	70	311	62.2	12	
12	910011	蔡昌洲	77	88	81	76	89	411	82.2	10	
13	910012	何福謀	72	89	84	90	67	402	80.4	11	
14											
15											

< > 員工成績計算表 員工成績查詢 +

當您打開Excel活頁簿檔案後，只需按下快速鍵「Alt+F11」，即可進入編輯VBA程式碼的環境。在Excel檔案的編輯環境中，如果您想新增一個VBA模組，請參考下圖所示的操作方式：

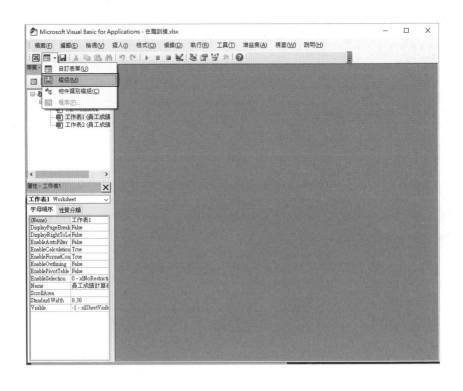

接著執行「編輯／貼上」指令或按「Ctrl+V」快速鍵，就可以複製貼上VBA程式碼到該模組。如下圖所示：

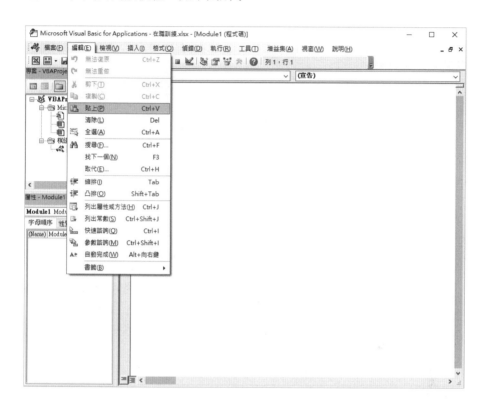

在執行VBA程式碼之前，請務必先儲存檔案。當您按下工具列上的「儲存」按鈕時，將會彈出下圖所示的視窗，提醒您含有VBA程式碼功能的活頁簿無法儲存為沒有巨集的活頁簿：

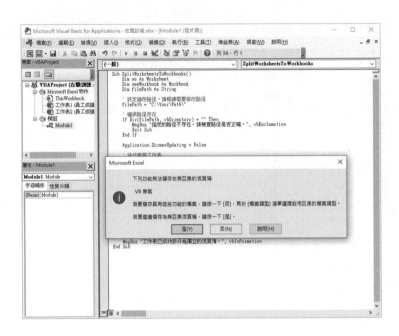

請按一下「否」鈕，再於「檔案類型」清單中選擇啟用巨集的檔案類型，最後再按下「儲存」鈕。如下圖所示：

　　然而，在儲存之前，請根據您的情況稍微修改程式碼。例如，在這個例子中，請確保調整工作表的路徑後再進行儲存操作。完成後，您可以按下工具列上「執行」按鈕，該按鈕位於下圖所示位置：

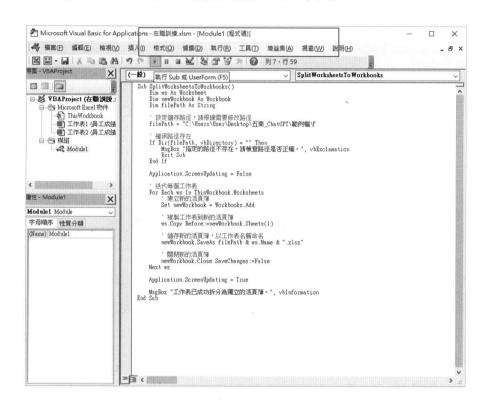

　　在完成工作表拆分工作後，您詢問的ChatGPT程式會彈出一個訊息視窗，如下圖所示。只需直接按下「確定」按鈕即可繼續。

　　完成該段VBA程式碼的執行後，您將在原始資料夾中找到兩個新的Excel活頁簿檔案，如下圖所示的「員工成績計算表」和「員工成績查詢」。

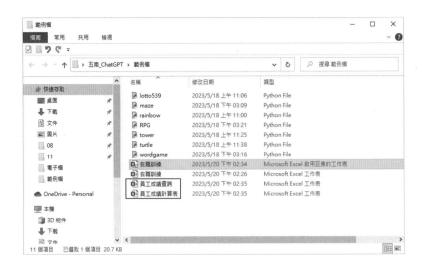

　　請嘗試打開這兩個活頁簿檔案，您將看到該VBA模組已成功完成指定的任務。原本的「業績表」Excel活頁簿檔案中的兩個工作表已經分別拆分爲兩個以工作表名稱命名的活頁簿檔案：「員工成績計算表」和「員工成績查詢」。

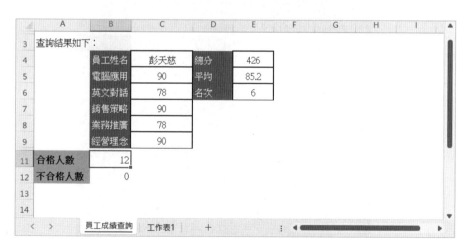

	員工編號	員工姓名	電腦應用	英文對話	銷售策略	業務推廣	經營理念	總分	總平均	名次
2	910001	王槙珍	98	95	86	80	88	447	89.4	2
3	910002	郭佳琳	80	90	82	83	82	417	83.4	8
4	910003	葉千瑜	86	91	86	80	93	436	87.2	4
5	910004	郭佳華	89	93	89	87	96	454	90.8	1
6	910005	彭天慈	90	78	90	78	90	426	85.2	6
7	910006	曾雅琪	87	83	88	77	80	415	83	9
8	910007	王貞琇	80	70	90	93	96	429	85.8	5
9	910008	陳光輝	90	78	92	85	95	440	88	3
10	910009	林子杰	78	80	95	80	92	425	85	7
11	910010	李宗勳	60	58	83	40	70	311	62.2	12
12	910011	蔡昌洲	77	88	81	76	89	411	82.2	10
13	910012	何福謀	72	89	84	90	67	402	80.4	11

員工成績計算表.xlsx工作表外觀

員工成績查詢.xlsx工作表外觀

CHAPTER

8

8-1-2 請ChatGPT更標題列背景色及字體大小

本小節將介紹如何使用ChatGPT來調整標題列的背景色和字體大小，以提升文件的視覺效果和可讀性。透過ChatGPT的幫助，您可以輕鬆地進行這些設定，讓您的文件更加個性化和專業。

輸入問題：

生成VBA程式碼，將Excel檔案第一張工作表目前有資料的儲存格範圍標題列背景色變更為藍色，並將字體大級設定為20級字，水平置中對齊。

ChatGPT回答畫面：

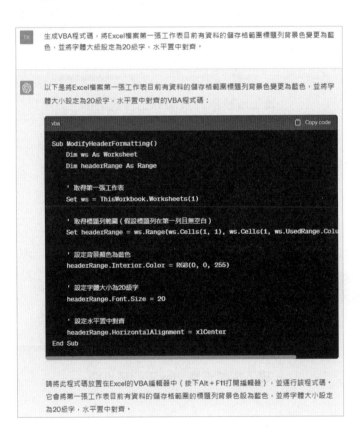

接著開啟要變更背景的工作表，如下圖所示：

	A	B	C	D	E	F	G
1	書名	定價	數量	折扣	總金額		
2	C語言	500	50	0.85	21250		
3	C++語言	540	100	0.9	48600		
4	C#語言	580	120	0.9	62640		
5	Java語言	620	40	0.8	19840		
6	Python語言	480	540	0.95	246240		
7							
8							
9							

工作表1

再按下「Alt+F11」快速鍵，可以開啟撰寫VBA程式碼的編輯環境，
如下圖所示：

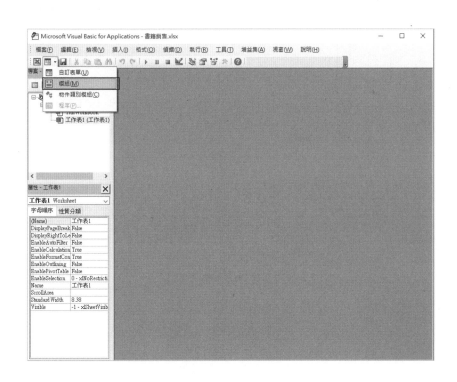

　　按照上圖的指示，您可以在這個Excel檔案中新增一個VBA模組。然後，您可以執行「編輯／貼上」指令或使用「Ctrl+V」快速鍵，將剛才複製的代碼粘貼到VBA程式碼的編輯器中。在程式碼貼上後，您可以點擊工具列上的「執行」按鈕，其位置如下圖所示：

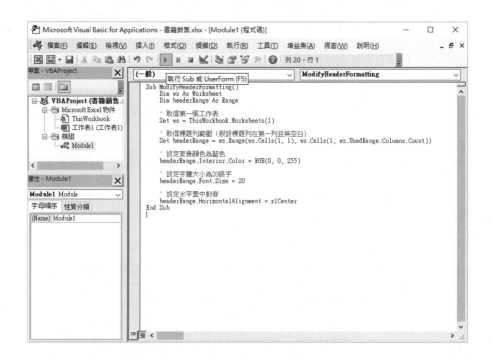

　　完成這段VBA程式碼的執行後，Excel檔案中第一個工作表目前有資料的儲存格範圍的標題列背景色已經成功變更為藍色，同時字體大小也被設定為20，並且水平置中對齊。具體效果如下圖所示：

	A	B	C	D	E	F	G
1	書名	定價	數量	折扣	總金額		
2	C語言	500	50	0.85	21250		
3	C++語言	540	100	0.9	48600		
4	C#語言	580	120	0.9	62640		
5	Java語言	620	40	0.8	19840		
6	Python語言	480	540	0.95	246240		
7							
8							

⟨　⟩　　工作表1　　＋

CHAPTER

8

8-2 ChatGPT在Word排版應用：變更字體、字型及色彩

　　本小節將介紹如何利用ChatGPT自動變更Word文件中的字體顏色。在處理大量的文件或需要統一字體顏色的內容時，手動逐一修改字體顏色可能非常耗時且容易出錯。然而，借助ChatGPT可以自動化這個過程，節省時間和精力。

　　在本節中，將探討如何使用Word VBA（Visual Basic for Applications）程式語言結合ChatGPT的語言處理功能，來批次修改Word文件中的字體顏色。這種自動化的方法將使您能夠輕鬆地統一和修改大量文件中的字體顏色，確保整個文檔的一致性和視覺效果。無論是對單一文件還是對整個文件庫進行字體顏色的變更，ChatGPT將成為您的強大助手。

　　接下來的內容將詳細解釋如何實施這種自動化的字體顏色變更方法，使您能夠更高效地處理Word文件中的字體顏色。

提問：

　　請用繁體中文生成Word VBA代碼，請將Word文件中的字體變成標楷體，字型大小為16級字，字型色彩為藍色。

ChatGPT回答畫面：

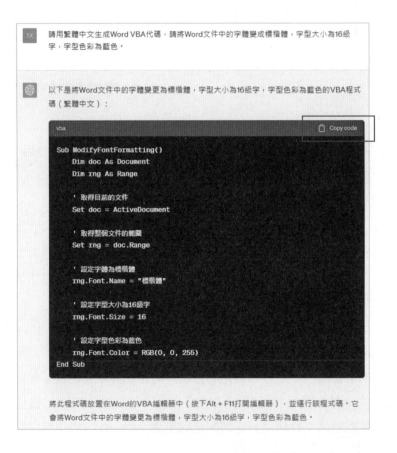

　　接著請按上圖中的「Copy Code」鈕，即可將該VBA程式碼複製到剪貼簿中。接著，開啟您想要應用這段VBA程式碼的Word檔案，例如圖中的「ChatGPT.docx」Word文件。

當您開啟這個Word檔案時，您會看到文件的內容，而我們的目標是透過ChatGPT生成的VBA程式碼，將這個Word文件中的字體顏色進行轉換。目前，原始文件中的字體顏色是黑色。

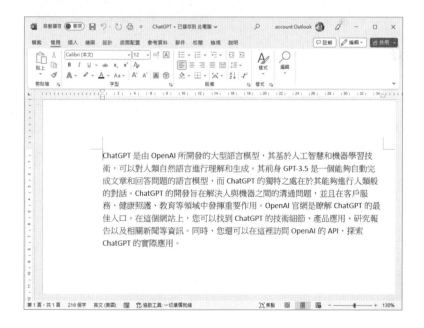

　　首先請各位按下「Alt+F11」快速鍵，就可以開啟撰寫VBA程式碼的編輯環境，如下圖所示：

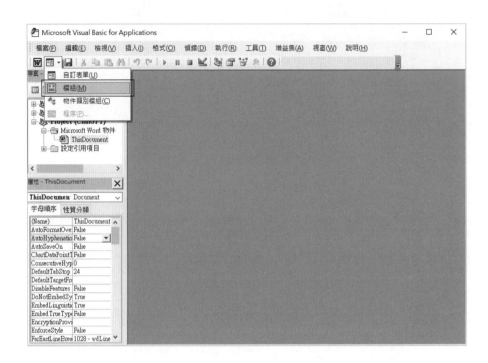

　　接下來，按照上圖所示的指示，在這個Word檔案中新增一個VBA模組。然後執行「編輯／貼上」指令或按下「Ctrl+V」快速鍵，將剛剛複製的程式碼貼上到VBA程式碼編輯器中。在貼上程式碼後，建議在執行這段程式碼之前按下儲存鈕，以確保程式碼已經保存。如下圖所示：

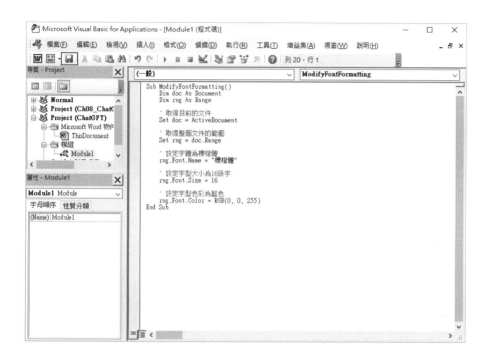

會出現下圖視窗告知VBA專案無法儲存在無巨集文件中，請按下「否（N）」鈕。

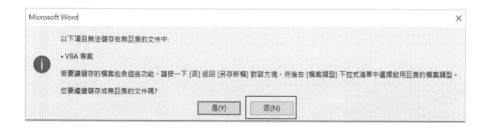

接著將「存檔類型」設定成「Word啟用巨集的文件」，並輸入檔案名稱，最後再按下「儲存」鈕。

之後就可以按下工作列上「執行」鈕，如下圖所示的位置：

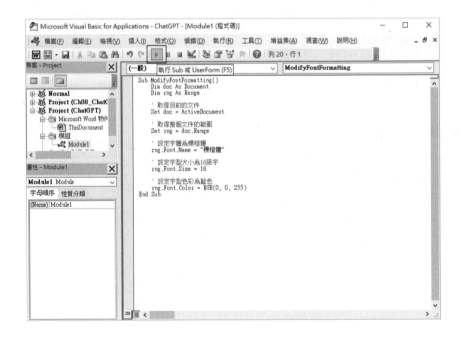

執行完VBA巨集後之後，可以在原檔的儲存位置中看到多了一個 Microsoft Word啟用巨集的文件的檔案。

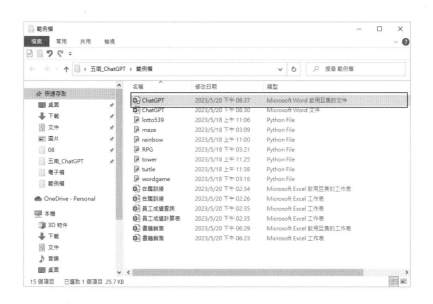

請打開該檔案，您將看到其中的文字已被修改為標楷體字型，字體大小設為16級，並以藍色作為字型顏色。

8-3 ChatGPT在Word排版應用：變更標題及內文格式

本小節將介紹如何利用ChatGPT自動變更Word文件中的標題和內文格式。這種自動化的方法將使您能夠輕鬆地統一和修改大量文件中的標題和內文格式，確保整個文檔的一致性和專業性。無論是對單一文件還是對整個文件庫進行格式變更，ChatGPT將成為您的強大助手。接下來的內容將詳細解釋如何實施這種自動化的標題和內文格式變更方法。

提問：

請用繁體中文幫我寫一個Word VBA程式碼，標題字體微軟正黑體，加粗，字型大小20級字，文字居中。標題1字體新細明體，字型大小16級字，首行2字元，行距：1.5倍。內文字體標楷體，字型大小12級字，首行2字元，行距：1.5倍。

ChatGPT回答畫面：

　　打開您要執行VBA巨集的文件，例如下圖所示的「ChatGPT應用實例.docx」文件外觀。

　　首先，請按下「Alt+F11」快速鍵，以開啟VBA程式碼的編輯環境。接著，在這個Word檔案中新增一個VBA模組。然後，執行「編輯／貼上」指令或按下「Ctrl+V」快速鍵，將先前複製的程式碼貼上到VBA程式碼的編輯器中。在貼上程式碼後，建議先按下儲存鈕，將檔案儲存成一個啟用巨集的Word文件。接著，按下「執行」鈕（或按下快速鍵F5）來執行這段VBA程式碼。如果一切順利，原文件經過VBA巨集指令的執行後，您應該可以看到以下的外觀結果：

8-4 ChatGPT在Word排版應用：表格對齊

本小節將介紹如何利用ChatGPT解決Word表格對齊問題。在處理Word文件中的表格時，正確的對齊是保持內容整潔和易讀的重要因素之一。然而，手動調整表格的對齊可能很繁瑣，尤其是在處理大型文件或包含複雜結構的表格時。

在本節中，將介紹如何使用Word VBA和ChatGPT的能力，以自動對齊Word文件中的表格。我們將探討如何操作表格的屬性，並使用ChatGPT提供的語言處理功能來解析和調整表格內容的對齊方式。

提問：

請用繁體中文幫我寫一個Word VBA程式碼，讓表格中的所有文字在儲存格中自動向右對齊。

ChatGPT回答畫面：

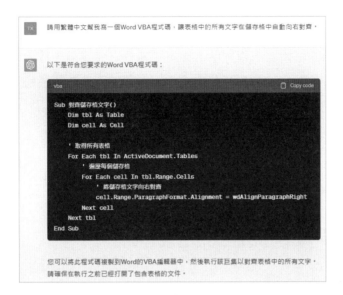

開啟要執行VBA巨集的文件，例如下圖的「表格.docx」的文件外觀，如下圖所示：

　　首先請各位按下「Alt+F11」快速鍵，可以開啟撰寫VBA程式碼的編輯環境，接著在這個Word檔案中新增一個VBA模組，接著執行「編輯／貼上」指令或按「Ctrl+V」快速鍵，就可以將剛才複製的程式碼貼上VBA程式碼的編輯器。程式貼上後，要執行之前建議先按下儲存鈕，將檔案儲存成一種Word啟用巨集的文件，接著按下「執行」鈕（或按快速鍵F5）執行這支VBA程式。

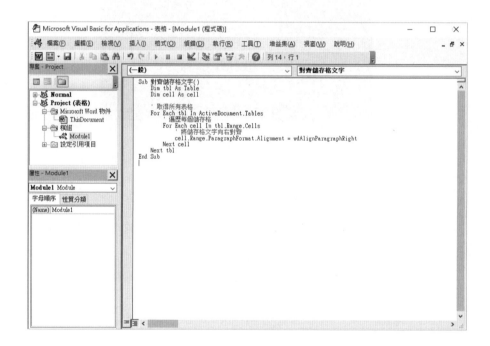

　　如果可以正常執行，表格中的所有文字在儲存格中自動向右對齊，就可以看到如下的外觀結果：

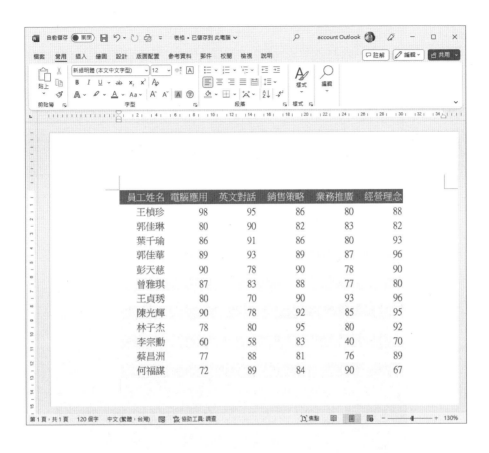

8-5 ChatGPT在Word排版應用：表格框線及網底

　　本小節將介紹如何使用Word VBA結合ChatGPT的語言處理功能，來批次修改Word文件中的表格框線樣式。這種自動化的方法將使您能夠輕鬆地統一和修改大量文件中的表格框線樣式，確保整個文檔的一致性和視覺效果。無論是對單一文件還是對整個文件庫進行框線樣式的設定，ChatGPT將成為您的強大助手。

提問：

　　請用繁體中文幫我寫一個Word VBA程式碼，讓文件中所有表格的外框線設定藍色雙線，表格網底設定粉紅色。

ChatGPT回答畫面：

請用繁體中文幫我寫一個Word VBA程式碼，讓文件中所有表格的外框線設定藍色雙線，表格網底設定粉紅色。

以下是符合您要求的Word VBA程式碼：

```vba
Sub 設定表格框線及網底顏色()
    Dim tbl As Table
    Dim cell As Cell

    ' 取得所有表格
    For Each tbl In ActiveDocument.Tables
        ' 設定表格外框線為藍色雙線
        tbl.Borders.Enable = True
        tbl.Borders.InsideColor = wdColorBlue
        tbl.Borders.OutsideColor = wdColorBlue
        tbl.Borders.InsideLineStyle = wdLineStyleDouble
        tbl.Borders.OutsideLineStyle = wdLineStyleDouble

        ' 設定表格網底顏色為粉紅色
        tbl.Shading.BackgroundPatternColor = wdColorPink

        ' 遍歷每個儲存格
        For Each cell In tbl.Range.Cells
            ' 設定儲存格外框線為藍色雙線
            cell.Borders.Enable = True
            cell.Borders.OutsideColor = wdColorBlue
            cell.Borders.OutsideLineStyle = wdLineStyleDouble
        Next cell
    Next tbl
End Sub
```

　　開啟要執行VBA巨集的文件，例如下圖的「表格框線.docx」的文件外觀。

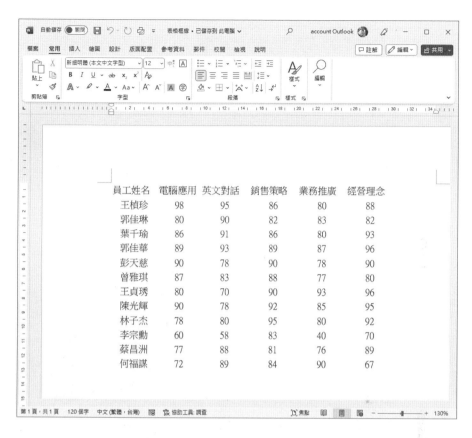

請依照以下步驟執行VBA程式碼：

1. 按下「Alt+F11」快速鍵，以開啟VBA程式碼的編輯環境。

2. 在Word檔案中新增一個VBA模組。

3. 執行「編輯 / 貼上」指令或按下「Ctrl+V」快速鍵，將剛才複製的程式碼貼上至VBA程式碼編輯器中。

4. 在貼上程式碼後，建議按下儲存鈕，將檔案儲存成啟用巨集的Word文件。

5. 按下「執行」鈕（或按下快速鍵F5）以執行該VBA程式。

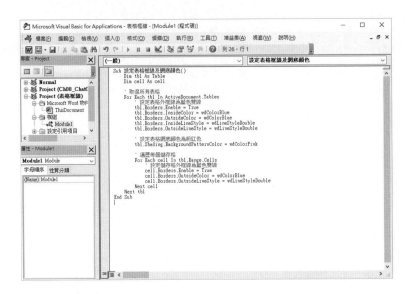

如果VBA程式能夠正常執行，則所有表格的外框線將被設定為紅色單線，並且表格的網格底色將被設定為黃色。您將能夠看到如下的外觀結果：

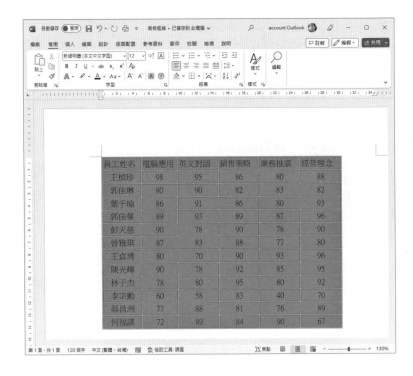

8-6 ChatGPT在Word排版應用：圖片及圖形物件

在現代文書處理軟體中，像是Microsoft Word，排版和圖片處理是創作精美文檔的關鍵元素之一。在Word排版應用中，如何處理圖片和圖形物件。圖片和圖形物件是文檔中常見的元素，它們可以用來增強內容的視覺效果、提供補充訊息或者起到裝飾作用。而ChatGPT不僅可以幫助生成內容，還可以在文檔中處理圖片。在本節中，我們將深入探討如何調整、編輯和格式化圖片和圖形物件，以及一些實用的技巧。透過學習這些技巧，您將能夠更好地處理圖片和圖形物件，使您的文檔更具吸引力和專業性。無論您是在製作報告、文檔還是其他類型的內容，這些技巧都將對您有所幫助。

8-6-1 刪除文字方塊

在本小節中，我們將探討如何使用ChatGPT來刪除Word文件中的文字方塊。文字方塊在文件編輯和排版中扮演著重要的角色，但有時候我們可能需要移除或更改某些文字方塊以滿足特定需求。透過ChatGPT我們可以輕鬆處理文字方塊的操作，進一步增強文件的編輯彈性和美觀度。

提問：

請用繁體中文幫我寫一個Word VBA程式碼，刪除文件中所有文字方塊。

ChatGPT回答的參考程式碼：

```
Sub 刪除文字方塊()
    Dim shp As Shape
```

```
For Each shp In ActiveDocument.Shapes
    If shp.Type = msoTextBox Then
        shp.Delete
    End If
Next shp
End Sub
```

8-6-2 圖形填滿色彩

　　本節將介紹如何使用ChatGPT為圖形物件添加填充色彩，進一步提升文件或報告的視覺效果。填充色彩可以使圖形更加鮮明生動，吸引讀者的目光並突出重點內容。透過ChatGPT提供的指令和技巧，您可以輕鬆自定義圖形的填充色彩，根據需要選擇適合的配色方案。

提問：

　　請用繁體中文幫我寫一個Word VBA程式碼，讓文件中所有圖形的填滿色彩為綠色。

ChatGPT回答的參考程式碼：

```
Sub  設定圖形填充色彩()
    Dim shp As Shape

    For Each shp In ActiveDocument.Shapes
        shp.Fill.ForeColor.RGB = RGB(0, 255, 0)  '綠色
    Next shp
End Sub
```

8-6-3 文字方塊格式設定

　　本節將介紹如何使用ChatGPT來進行文字方塊的格式設定，使您的文檔更具視覺吸引力和專業性。文字方塊是在文檔中突出展示重要信息或添加註釋的理想工具。通過ChatGPT提供的功能和指令，我們可以輕鬆修改文字方塊的外觀、尺寸、對齊方式等，以滿足不同的排版需求。

提問：

　　請用繁體中文幫我寫一個Word VBA程式碼，讓文件中所有文字方塊的字型色彩設定為紅色及字體大小為20級字。

ChatGPT回答的參考程式碼：

```vba
Sub  設定文字方塊字型()
    Dim shp As Shape


    For Each shp In ActiveDocument.Shapes
        If shp.Type = msoTextBox Then
            shp.TextFrame.TextRange.Font.Color = RGB(255, 0, 0) '紅色
            shp.TextFrame.TextRange.Font.Size = 20
        End If
    Next shp
End Sub
```

8-6-4 為圖片加上框線

　　本節將介紹如何使用ChatGPT為圖片添加框線，提升圖片的視覺效果和可視性。框線可以使圖片在文檔或報告中更加突出，並使其與周圍的內容區分開來。透過ChatGPT提供的功能和指令，我們可以輕鬆地為圖片選擇合適的框線樣式、粗細和顏色。

> 提問：
> 請用繁體中文幫我寫一個Word VBA程式碼，讓文件中所有圖片加上粗框線，框線寬度設定為3 pt。

ChatGPT回答的參考程式碼：

```
Sub 添加圖片框線()
    Dim shp As Shape

    For Each shp In ActiveDocument.Shapes
        If shp.Type = msoPicture Then
            shp.Line.Weight = 3
        End If
    Next shp
End Sub
```

8-6-5 縮放圖片尺寸

調整圖片尺寸是在設計和排版中常見的任務，它可以使圖片與其他內容相協調，確保視覺上的平衡和一致性。透過ChatGPT提供的功能和指令，我們可以快速且精確地調整圖片的寬度、高度和比例，以達到最理想的呈現效果。

提問：

請用繁體中文幫我寫一個Word VBA程式碼，讓文件中所有圖片的大小依原比例縮小50%。

ChatGPT回答的參考程式碼：

```
Sub  縮小圖片尺寸()
    Dim shp As Shape


    For Each shp In ActiveDocument.Shapes
        If shp.Type = msoPicture Then
            shp.LockAspectRatio = msoFalse
            shp.ScaleWidth 0.5, msoFalse, msoScaleFromTopLeft
            shp.ScaleHeight 0.5, msoFalse, msoScaleFromTopLeft
        End If
    Next shp
End Sub
```

## 第九章

ChatGPT 與程式的整合應用

本章將探索ChatGPT在整合程式應用方面的能力。除了作爲一個強大的語言模型外，ChatGPT還可以與程式碼的編寫和執行相結合，提供協助。在這個章節中，我們將透過各種實例來示範ChatGPT如何在程式開發的設計工作中加速進程。

這些範例將涉及到使用ChatGPT進行代碼片段的生成和優化，解決常見的程式碼撰寫問題，並提供設計建議。我們將示範如何利用ChatGPT的自然語言處理能力來解釋程式碼片段的功能，優化程式邏輯，並提供實用的開發提示和技巧。

透過這些範例，您將能夠更好地理解如何將ChatGPT應用於程式開發中，並了解如何利用它的能力來提高效率和品質。ChatGPT作爲一個靈活且強大的工具，將成爲您在程式設計過程中的有力助手，幫助您更快地開發出優質的程式碼。

9-1 利用ChatGPT寫Python程式

Python是一種高階程式語言，具有簡潔易讀的語法和強大的功能。它廣泛應用於各種領域，包括軟體開發、數據分析、人工智慧等。使用Python，開發者可以快速且有效地撰寫程式碼，並且享受到豐富的開發工具的支援。

　　在本小節中，我們將利用ChatGPT，來探索使用Python編寫程式的過程。ChatGPT可以提供語法提示、解答問題、提供程式碼建議等功能，讓程式開發變得更加有趣和高效。我們將一同使用ChatGPT來撰寫Python程式，並深入探討其特性和應用。

9-1-1 使用Pygame套件繪製彩虹

　　在本小節中，我們將以實例為例，示範如何使用ChatGPT與程式碼結合，來協助我們使用Pygame套件繪製彩虹。

輸入問題：請以Python運用Pygame遊戲套件繪製彩虹

回答內容：

以下的執行結果畫面都是ChatGPT直接撰寫的程式，筆者只是利用「Copy Code」鈕將程式複製到複製到Python的IDLE整合式開發環境去執行。

AI參考程式名稱：rainbow.py

9-1-2 以Python模擬今彩539的開獎程式

本小節將以實際案例為例，示範如何使用ChatGPT來協助編寫一個以Python模擬今彩539開獎的程式。

輸入問題：

今彩539是一種樂透型遊戲，您必須從01～39的號碼中任選5個號碼進行投注。開獎時，開獎單位將隨機開出五個號碼，這一組號碼就是該期今彩539的中獎號碼，也稱為「獎號」。您的五個選號中，如有二個以上（含二個號碼）對中當期開出之五個號碼，即為中獎，並可依規定兌領獎金。請以Python寫一支模擬今彩539的開獎程式。

> TX 今彩539是一種樂透型遊戲，您必須從01~39的號碼中任選5個號碼進行投注。開獎時，開獎單位將隨機開出五個號碼，這一組號碼就是該期今彩539的中獎號碼，也稱為「獎號」。您的五個選號中，如有二個以上（含二個號碼）對中當期開出之五個號碼，即為中獎，並可依規定兌領獎金。請以Python寫一支模擬今彩539的開獎程式。

> 以下是使用Python編寫的模擬今彩539開獎的程式：

```python
import random

# 選擇號碼數量和範圍
selected_numbers = random.sample(range(1, 40), 5)  # 從1到39中選擇5個不重複的號碼
winning_numbers = random.sample(range(1, 40), 5)  # 隨機選擇5個不重複的號碼作為中

# 顯示選擇的號碼和中獎號碼
print("您選擇的號碼：", selected_numbers)
print("本期中獎號碼：", winning_numbers)

# 比對中獎號碼與選擇的號碼
matching_numbers = set(selected_numbers) & set(winning_numbers)  # 找出中獎的
matching_count = len(matching_numbers)  # 中獎號碼的數量

# 判斷是否中獎
if matching_count >= 2:
    print("恭喜您中獎！中獎號碼：", matching_numbers)
    print("中獎號碼數量：", matching_count)
else:
    print("很遺憾，未中獎。")
```

　　以下的執行結果畫面都是ChatGPT直接撰寫的程式，筆者只是利用「Copy Code」鈕將程式複製到複製到Python的IDLE整合式開發環境去執行。

```
您選擇的號碼： [1, 31, 14, 24, 27]
本期中獎號碼： [2, 22, 11, 28, 32]
很遺憾，未中獎。
```

AI參考程式名稱：lotto539.py

9-1-3 演算法的應用：河內塔（Tower of Hanoil）智力遊戲

本小節將以河內塔智力遊戲為例，示範如何使用ChatGPT來應用演算法。我們將介紹河內塔問題的背景和規則，並示範如何使用ChatGPT生成解決該問題的程式碼片段。透過這個案例，您將能夠更深入地理解演算法的應用和ChatGPT在程式設計中的價值。

輸入問題：

法國數學家Lucas在1883年介紹了一個十分經典的河內塔（Tower of Hanoil）智力遊戲，內容是說在古印度神廟，廟中有三根木樁，天神希望和尚們把某些數量大小不同的圓盤，由第一個木樁全部移動到第三個木樁。請以Python寫一支使用遞迴式與堆疊觀念來解決河內塔。

以下的執行結果畫面都是ChatGPT直接撰寫的程式，筆者只是利用「Copy Code」鈕將程式複製到複製到Python的IDLE整合式開發環境去執行。

```
移動圓盤 1 從 A 到 C
移動圓盤 2 從 A 到 B
移動圓盤 1 從 C 到 B
移動圓盤 3 從 A 到 C
移動圓盤 1 從 B 到 A
移動圓盤 2 從 B 到 C
移動圓盤 1 從 A 到 C
```

AI參考程式名稱：tower.py

9-1-4 海龜繪圖法繪製圖形

在本小節中，我們將以海龜繪圖法為例，示範如何使用ChatGPT來協助編寫程式碼，實現圖形的繪製。海龜繪圖法是一種以烏龜為基礎的圖形繪製技術，通過控制烏龜的移動和繪製操作，我們可以創建各種形狀和圖案。希望這個小節能夠啟發您在程式設計中利用ChatGPT來實現圖形繪製的應用。

輸入問題：

請以Python寫一支利用海龜繪圖法（Turtle Graphics）繪製任一精美圖案。

CHAPTER

9

請以Python寫一支利用海龜繪圖法(Turtle Graphics)繪製任一精美圖案。

以下是使用Python的海龜繪圖法(Turtle Graphics)繪製一個精美的圖案的程式碼示例:

```python
import turtle

# 建立海龜畫布
screen = turtle.Screen()
screen.bgcolor("white")

# 建立海龜
pen = turtle.Turtle()
pen.speed(2)
pen.color("black")

# 繪製精美圖案
for _ in range(36):
    pen.forward(100)
    pen.right(90)
    pen.forward(100)
    pen.right(90)
    pen.forward(100)
    pen.right(90)
    pen.forward(100)
    pen.right(100)

# 關閉海龜畫布
turtle.done()
```

　　以下的執行結果畫面都是ChatGPT直接撰寫的程式,筆者只是利用「Copy Code」鈕將程式複製到複製到Python的IDLE整合式開發環境去執行。

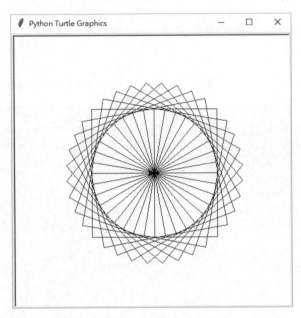

AI參考程式名稱：turtle.py

9-2 利用ChatGPT寫JavaScript網頁程式

　　JavaScript是一種強大且廣泛使用的網頁程式語言，它在瀏覽器端為網頁增加了互動性和動態功能。作為網頁開發的基礎，JavaScript可以用於控制網頁的內容、結構和行為，並與用戶進行交互。在本小節中，我們將利用ChatGPT，來探索使用JavaScript進行網頁程式設計的過程。

　　無論您是初學者還是有經驗的開發者，本小節將為您提供實用的指導和範例，幫助您開始進行JavaScript網頁程式設計。讓我們一起利用ChatGPT寫JavaScript網頁程式，探索網頁開發的無限潛力！例如想要請ChatGPT寫出1累加到100的程式，只需要輸入「請用JavaScript寫1累加到100可以在瀏覽器執行的程式」，按下「Enter」鍵向ChatGPT機器人詢問。

TX　請用JavaScript寫1累加到100可以在瀏覽器執行的程式

⑤　當然！以下是一個使用JavaScript語言的瀏覽器端程式，將1到100的數字進行累加：

```html
<!DOCTYPE html>
<html>
<head>
  <title>1累加到100</title>
</head>
<body>
  <script>
    var sum = 0;

    for (var i = 1; i <= 100; i++) {
      sum += i;
    }

    document.write("1累加到100的總和為: " + sum);
  </script>
</body>
</html>
```

你可以將以上程式碼儲存為一個HTML檔案，然後在瀏覽器中打開該檔案，即可看到瀏覽器顯示出1到100的總和結果。

在回答的結果中不僅可以取得1累加到100的程式，還會在該程式碼的下方解釋這支程式的設計邏輯，例如上圖程式碼的說明文字如下：

你可以將以上程式碼儲存為一個HTML檔案，然後在瀏覽器中打開該檔案，即可看到瀏覽器顯示出1到100的總和結果。

如果希望從ChatGPT看到執行結果，可以輸入「請顯示執行結果」，就會得到類似如下的畫面。

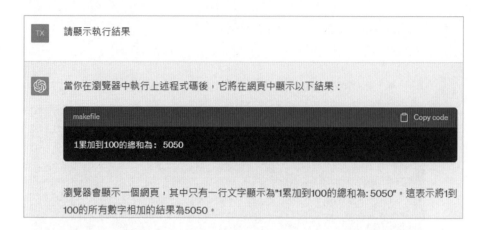

ChatGPT寫的程式碼會顯示在code editor（程式碼編輯器），按下code editor右上角的「Copy code」鈕，就可以將ChatGPT所幫忙撰寫的程式複製貼上到任何的程式碼編輯器，如下圖所示：

底下以記事本為例，複製ChatGPT程式碼之後，開啟記事本按下Ctrl+V就能夠貼上程式碼。

```
檔案(F)  編輯(E)  格式(O)  檢視(V)  說明
<!DOCTYPE html>
<html>
<head>
  <title>1累加到100</title>
</head>
<body>
  <script>
    var sum = 0;

    for (var i = 1; i <= 100; i++) {
      sum += i;
    }

    document.write("1累加到100的總和為：" + sum);
  </script>
</body>
</html>
```

第 18 列，第 1 行   100%   Windows (CRLF)   UTF-8

將此份文件儲存為1to100.htm。

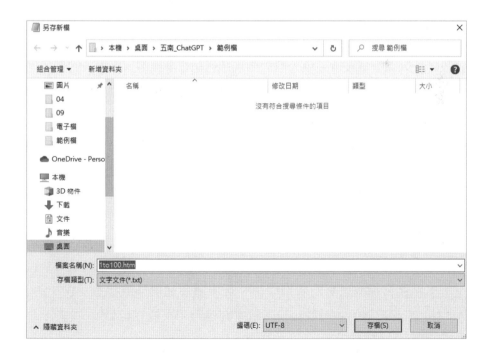

將此檔以瀏覽器開啟，就會顯示執行結果。

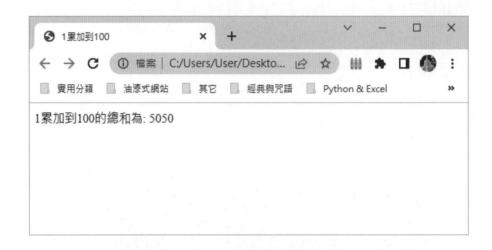

9-3 程式實戰例：迷宮探險遊戲

ChatGPT開發遊戲是一種具有趣味性和學習價值的活動，它結合了程式設計和人工智慧技術，讓人們能夠親身體驗並參與聊天機器人的創造過程。這種遊戲形式提供了一個互動的環境，讓玩家能夠實際設計、訓練和測試他們自己的聊天機器人。透過這樣的遊戲體驗，玩家可以深入了解聊天機器人背後的技術原理和運作方式，同時培養解決問題、邏輯思考和創意設計的能力。

在這一小節中，我們就來使用ChatGPT實作如何幫助各位開發遊戲。以下幾款小遊戲都是ChatGPT直接撰寫的程式，筆者只是利用「Copy Code」鈕將程式複製到複製到Python的IDLE整合式開發環境去執行結果。

文字迷宮探險遊戲的規則如下：玩家需要通過移動指令（W、S、A、D）來探索迷宮並尋找出口。玩家在迷宮中不能穿越牆壁（#），並

需要避開陷阱（X）。當玩家成功到達終點（3, 3）時，遊戲結束。請注意，這只是一個簡單的範例程式碼，你可以根據自己的需求和想法進行擴展和修改。

輸入問題：

請列出一款不需要用到圖形技巧，只需純本文介面的小遊戲的名稱，並提供完整的Python程式碼給我參考。

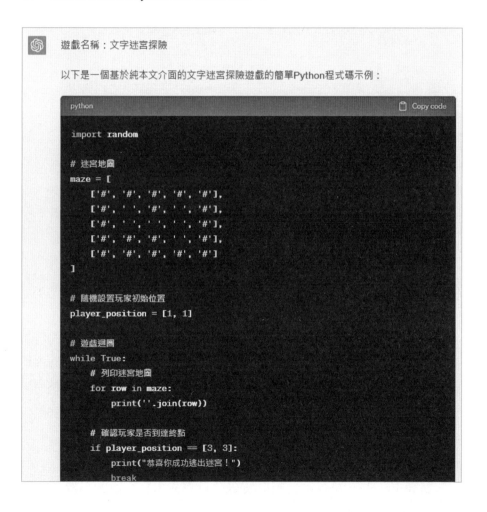

遊戲名稱：文字迷宮探險

以下是一個基於純本文介面的文字迷宮探險遊戲的簡單Python程式碼示例：

```python
import random

# 迷宮地圖
maze = [
    ['#', '#', '#', '#', '#'],
    ['#', ' ', '#', ' ', '#'],
    ['#', ' ', ' ', ' ', '#'],
    ['#', '#', '#', ' ', '#'],
    ['#', '#', '#', '#', '#']
]

# 隨機設置玩家初始位置
player_position = [1, 1]

# 遊戲迴圈
while True:
    # 列印迷宮地圖
    for row in maze:
        print(''.join(row))

    # 確認玩家是否到達終點
    if player_position == [3, 3]:
        print("恭喜你成功逃出迷宮！")
        break
```

　　以下的執行結果畫面都是ChatGPT直接撰寫的程式，筆者只是利用「Copy Code」鈕將程式複製到複製到Python的IDLE整合式開發環境去執行。

```
#####
# # #
#   #
### #
#####
請輸入移動方向（上：W，下：S，左：A，右：D）：s
#X###
# # #
#   #
### #
#####
請輸入移動方向（上：W，下：S，左：A，右：D）：s
#X###
# # #
#   #
### X
#####
請輸入移動方向（上：W，下：S，左：A，右：D）：|
```

AI參考程式名稱：maze.py

9-4 程式實戰例：文字選擇冒險

　　這個範例是一個簡單的文字選擇冒險遊戲，玩家需要根據選擇的情節做出冒險決策。每次遊戲開始時，玩家會遇到不同的情節，並需要回答是或否的問題來選擇行動。根據玩家的選擇，遊戲會隨機生成不同的結局。玩家可以選擇再次遊玩或結束遊戲。請注意，這只是一個簡單的範例程式碼，你可以根據自己的需求和想法進行擴展和修改。

輸入問題：

　　請列出一款不需要用到圖形技巧，只需純本文介面的小遊戲的名稱，並提供完整的Python程式碼給我參考。

遊戲名稱：文字選擇冒險

以下是一個基於純本文介面的文字選擇冒險遊戲的簡單Python程式碼示例：

```python
import random

# 遊戲迴圈
while True:
    print("歡迎來到文字選擇冒險遊戲！")
    print("你現在身處在一個神秘的地方...")

    # 隨機生成故事情節
    story = random.choice(["你發現一扇門，要進去嗎？(是/否): ",
                           "你看到一條小路，要跟著它走嗎？(是/否): ",
                           "你聽到了一個聲音，要去探索它嗎？(是/否): "])
    choice = input(story).lower()

    if choice == "是":
        print("你做出了一個冒險的決定！")

        # 隨機生成結局
        ending = random.choice(["你找到了一個寶藏，獲得了財富和榮譽！",
                                "你遇到了一個怪物，被它吃掉了...遊戲結束！",
                                "你迷路了，但最終找到了回家的路！"])
        print(ending)
    else:
        print("你決定放棄冒險，回到了起點。")

    play_again = input("要再次遊玩嗎？(是/否): ").lower()
    if play_again != "是":
        break
```

　　以下的執行結果畫面都是ChatGPT直接撰寫的程式，筆者只是利用「Copy Code」鈕將程式複製到複製到Python的IDLE整合式開發環境去執行。

```
歡迎來到文字選擇冒險遊戲！
你現在身處在一個神秘的地方...
你發現一扇門，要進去嗎？(是/否)：是
你做出了一個冒險的決定！
你迷路了，但最終找到了回家的路！
要再次遊玩嗎？(是/否)：是
歡迎來到文字選擇冒險遊戲！
你現在身處在一個神秘的地方...
你發現一扇門，要進去嗎？(是/否)：是
你做出了一個冒險的決定！
你遇到了一個怪物，被它吃掉了...遊戲結束！
要再次遊玩嗎？(是/否)：否
感謝你的遊玩！再見！
```

AI參考程式名稱：wordgame.py

9-5 程式實戰例：文字RPG冒險

　　RPG代表角色扮演遊戲（Role-Playing Game）。RPG遊戲是一種電子遊戲類型，玩家在遊戲中扮演虛構的角色，透過控制角色的行為和決策，進行故事情節的探索、戰鬥和成長。RPG遊戲通常具備以下特點：角色扮演、故事情節、角色發展、戰鬥和對抗和自由度。

　　RPG遊戲的種類和風格多種多樣，有的偏向於動作和戰鬥，有的偏向於探索和解謎，有的偏向於故事和角色發展。無論如何，RPG遊戲常常提供豐富的遊戲體驗和深度的遊戲世界，讓玩家沉浸在角色扮演的奇幻或科幻冒險之中。請注意，以下範例只是一個簡單的程式碼，你可以根據自己的需求和想法進一步擴展和修改遊戲的內容和邏輯。

輸入問題：

　　請列出一款不需要用到圖形技巧，只需純本文介面的小遊戲的名稱，並提供完整的Python程式碼給我參考。

以下的執行結果畫面都是ChatGPT直接撰寫的程式，筆者只是利用「Copy Code」鈕將程式複製到複製到Python的IDLE整合式開發環境去執行。

```
歡迎來到文字RPG冒險遊戲！
你是一名勇敢的冒險者…
你的任務是拯救被困在魔法森林的公主。

選擇下一步行動：
1. 前往魔法森林
2. 尋找武器
3. 檢查生命值
4. 結束遊戲
請輸入選項數字：1
你進入了魔法森林…
你遭遇了一個巨大的怪物！
你必須與怪物戰鬥！

選擇下一步行動：
1. 前往魔法森林
2. 尋找武器
3. 檢查生命值
4. 結束遊戲
請輸入選項數字：2
你開始尋找武器…
你找到了一把強力的劍！

選擇下一步行動：
1. 前往魔法森林
2. 尋找武器
3. 檢查生命值
4. 結束遊戲
請輸入選項數字：4
遊戲結束
```

AI參考程式名稱：RPG.py

9-6 程式實戰例：基本功能計算機

在本小節中，我們將藉助一個基本功能計算機的實例，示範如何使用 ChatGPT來協助設計和編寫計算機程式。您將看到ChatGPT如何幫助我們生成計算機相關的程式碼片段、處理使用者輸入、執行計算和輸出結果。**輸入問題**：請使用HTML、CSS及JavaScript製作一個基本的計算機，必須有加減乘除及清除功能。並將HTML、CSS及JavaScript寫在同一個 HTML檔。

ChatGPT對談內容：

　　底下是ChatGPT提供的範例程式碼。當您在ChatGPT輸入一模一樣的問題，產生的JS程式碼及CSS樣式並不會與書中範例一模一樣，但是執行的結果都會是以HTML、CSS與JavaScript撰寫的具有加減乘除及清除功能的計算機程式。

執行結果：

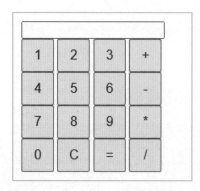

AI參考程式名稱：caculator.htm

9-7 程式實戰例：模擬今彩539網頁版程式

　　本小節將以模擬今彩539網頁版程式為例，示範如何使用ChatGPT來協助設計和編寫這樣一個程式。您將看到ChatGPT如何幫助我們生成相關的程式碼片段，處理彩票號碼的模擬、生成隨機號碼和驗證中獎結果等功能。

輸入問題：

　　請以HTML、CSS及JavaScript寫一支模擬今彩539的開獎程式，要有開獎按鈕

　　今彩539是一種樂透型遊戲，您必須從01～39的號碼中任選5個號碼進行投注。開獎時，開獎單位將隨機開出五個號碼，這一組號碼就是該期今彩539的中獎號碼，也稱為「獎號」。您的五個選號中，如有二個以上（含二個號碼）對中當期開出之五個號碼，即為中獎。

ChatGPT對談內容：

執行結果：

AI參考程式名稱：539.htm

9-8 程式實戰例：實作計數器

本小節將以實作計數器為例，示範如何使用ChatGPT來協助設計和編寫這樣一個程式。計數器是一個常見且實用的功能，透過這個案例，您將學習到如何運用ChatGPT的能力來實現計數功能，並了解如何提高開發效率和程式的可靠性。

輸入問題：請使用JavaScript+CSS製作一個計數器，並將程式碼寫在同一個HTML檔

ChatGPT對談內容：

執行結果：

AI參考程式名稱：counter.htm

9-9 程式實戰例：電子簽名板

　　電子簽名板（Electronic Signature Pad）是一種用於捕捉和記錄人們的手寫簽名。電子簽名板是App常見的功能，可以讓用戶手寫簽名，使用電腦版瀏覽器則按住滑鼠左鍵拖曳就能簽名，也可以將簽名檔儲存，透過ChatGPT不用幾秒鐘就能夠幫我們產生完整的程式碼。

輸入問題：請用HTML、CSS與JavaScript製作一個簡單的電子簽名板，並將程式碼寫在同一個HTML檔

CHAPTER

9

執行結果：

AI參考程式名稱：digital.htm

## 第十章

ChatGPT AI 繪圖與
視訊剪輯秘笈

　　ChatGPT日益受到大家的關注後，許多繪圖設計師和影片工作者也將ChatGPT應用在繪圖設計或短影片上，例如，要設計有YouTube頻道的Logo，可以透過ChatGPT來給予靈感，再請ChatGPT將文字內容翻譯成英文詞語，或是直接整合成一段完整的prompt敘述，再到AI相關的繪圖工具上去生成圖像。或是直接透過「剪映」軟體的「圖文成片」的功能，快速完成圖片、視訊、字幕、旁白錄音、配樂等工作，而且只要短短的幾分鐘時間就可以搞定，生成的影片品質還可比擬專業水準。

　　這一章節就來為各位做說明，如何利用ChatGPT和剪映軟體來製作影片，同時介紹幾個好用的AI繪圖工具，讓你快速完成繪圖或短影片的剪輯。

10-1 使用ChatGPT與剪映剪輯短影片

　　這個小節將利用ChatGPT來為各位產生影片所需的文案，再透過「剪映」軟體的「圖文成片」功能來自動產生影片。即使你以前從未使用過剪輯軟體，也能夠輕鬆上手，完成具有專業水準的視訊短片。

10-1-1 使用ChatGPT構思腳本

　　首先各位可以在ChatGPT上，將想要詢問的主題直接詢問機器人，這裡以中國的七夕情人節為例，請ChatGPT簡要說明七夕情人節，並請它以兩性專家的身分來推薦情人節最好送什麼禮物給情人。如下圖：

苑鳳　請以100字簡介中國的七夕情人節

中國的七夕情人節，又被稱為「牛郎織女節」，是中國傳統節日之一。每年農曆七月初七，人們慶祝這個浪漫的節日。傳說中，牛郎和織女是一對天上的戀人，七夕是他們相會的日子。在這一天，人們會向星星許願，尋找自己的另一半，或者祈求愛情的美好。許多年輕人也會送禮物、寫情書或約會，表達對心愛之人的情意。七夕情人節已經成為中國年輕人最重要的節日之一，代表著愛情和浪漫的象徵。

苑鳳　請以兩性專家的身分，推薦情人節要送什麼禮物給情人

作為兩性專家，我可以提供一些建議，讓您在情人節為您的情人選擇一個特別的禮物：

1. 個人化禮物：選擇一個特別的禮物，可以展現您對您的伴侶的了解和關心。例如，定製的首飾、刻有姓名或重要日期的物品，或者是一本紀念相冊，收錄了您們共同的回憶。

2. 體驗式禮物：為您的伴侶安排一個浪漫的活動或體驗，例如烹飪課、情侶按摩、浪漫之旅或門票去看他們喜歡的音樂會或表演。這種禮物能夠創造難忘的回憶並加強彼此的連結。

3. 寫情書或手寫卡片：表達您的愛意和感激之情。透過細膩的文字表達您的情感，讓您的伴侶感受到您的真摯關愛。這種禮物充滿了個人的情感，能夠深深觸動對方的心。

4. 一起共度時光：在忙碌的現代生活中，時間是最珍貴的禮物之一。計劃一個浪漫的晚餐、看電影、散步或共同參加一個興趣活動。這樣的禮物展示了您願意將時間和注意力投入到與伴侶的關係中。

5. 健康和放鬆禮物：給予您的伴侶一些可以幫助他們放鬆和照顧自己的禮物，例如一張水療或按摩證券、瑜伽課程、SPA證券或冥想課程。這樣的禮物表達了您對他們身心健康的關注。

最重要的是，選擇一個禮物要符合您伴侶的喜好和個人特點，並且展現出您對他們的愛和關心。不管您選擇哪種禮物，真誠和細心是最重要的元素。

有了ChatGPT所提供的意見，你可以節錄它所提供的意見，也可以照單全收，如果想要進一步編修，也可以將它所提供的內容，「複製」並「貼到」記事本中加以處理喔！

這裡我們已經請ChatGPT概略解說七夕情人節的由來，再以兩性專家的身分推薦適合送給情人的禮物，完成最佳的宣傳文案，不要超過200字。由於內容精簡且達到我們的目的，因此這裡就直接取用ChatGPT的答案來做為短影片的文案。

苑鳳　請概略解說七夕情人節的由來,再以兩性專家的身分推薦適合送給情人的禮物,完成最佳的宣傳文案,不要超過200字

七夕情人節源自中國傳統故事中的牛郎織女，每年農曆七月初七，象徵這對天上戀人相會的日子。作為兩性專家，我推薦您選擇一份浪漫且有意義的禮物，讓您的情人感受到您的愛和關懷。個人化禮物是最佳選擇，例如定製的首飾、刻有重要日期的物品，或者一本紀念相冊，記錄您們的回憶。同時，給予一個浪漫體驗，如烹飪課、情侶按摩或浪漫之旅，能創造難忘的時刻。不要忘記寫愛情書或手寫卡片，表達真摯情感。這份禮物將代表愛情和浪漫，深深觸動您的情人的心。用真誠和細心，讓這個七夕情人節成為您們之間美好的回憶。讓愛燃燒，共創幸福！

10-1-2 下載安裝「剪映」軟體

「剪映」軟體是一套簡單易用的影片剪輯軟體，可以輸出高畫質且無浮水印的影片，能在Mac、Windows、手機上使用，不但支援多軌剪輯、還提供多種類型的素材、特效和濾鏡可以改變畫面效果。軟體的大部分都可以免費使用，功能又不輸於付費軟體，且支援中文，又有許多智能工具

可以加速影片的編輯速度，很多自媒體創作者都以它來製作影片。

　　如果要使用剪映軟體，請自行在Google搜尋「剪映」，或到它的官網去進行下載。專業版下載網址為：https://www.capcut.cn/

　　當你完成下載和安裝程式後，桌面上就會顯示「剪映專業版」的圖示鈕，直接按滑鼠兩下即可啟動程式。

　　剪映專業版的各項功能都是免費的，輸出也不會有任何浮水印的困擾，只是在「貼紙」、「特效」、「轉場」、「濾鏡」等媒體類別上，

有的效果會標示「VIP」的圖示，表示這是專門給付費的會員使用，並不影響整的影片的編輯，所以各位可以大膽的使用剪映來編輯視訊，只要不選用有「VIP」圖示的特效，輸出時就不會要求你要加入會員才能輸出影片。

不選用含有「VIP」
標籤的縮圖，就可以
免費使用和輸出影片

10-1-3 超好用的「圖文成片」

啟動程式後會看到如下的首頁畫面，請按下「圖文成片」鈕，即可快速製作影片。

1. 按此鈕做圖
文成片，使
顯示下圖視
窗

CHAPTER

10

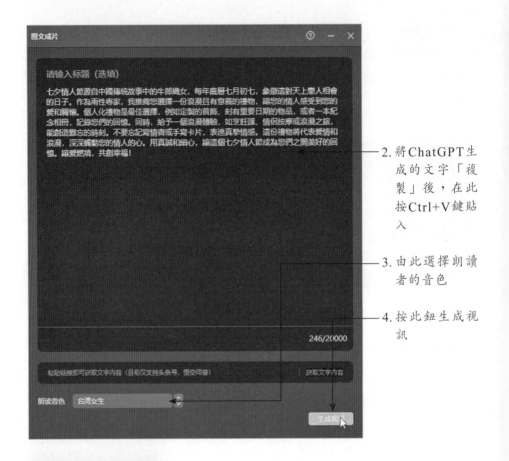

2. 將ChatGPT生成的文字「複製」後，在此按Ctrl+V鍵貼入

3. 由此選擇朗讀者的音色

4. 按此鈕生成視訊

5. 影片生成中，請稍待一下

6. 完成短影片的
生成，包含字
幕、旁白、圖
片、音樂等，
按此鈕預覽影
片

　　夠厲害吧！一分鐘的影片大概只要一分鐘的時間就產生出來了。這
樣就不用耗費力氣去找尋適合的圖片或影片素材，旁白和背景音樂也幫你
找好，真夠神速！如果有不喜歡的素材圖片，也可以按右鍵來「替換片
段」。

按右鍵於想替換
的素材，執行
「替換片段」指
令，即可更換成
你自己的圖片

10-1-4 導出視訊影片

　　影片製作完成，最後就是輸出影片，按下右上角的「導出」鈕，除了
輸出影片外，如果要輸出音檔、字幕，也是一樣可以辦到喔！

1. 按此鈕導
　出影片

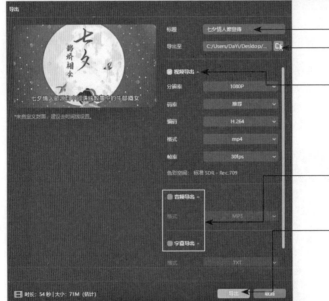

2. 輸入作品名稱

3. 按此鈕設定導出
　的資料夾位置

4. 勾選此項，並選
　擇影片的尺寸及
　相關屬性

如需輸出音檔或字
幕，可加以勾選

5. 按此鈕輸出影片

6. 按「關閉」鈕離
　開

完成如上操作後，你就可在設定的資料夾中看到剛剛產出的短影片了！

10-2 HeyGen：AI Avarta技術製作人像影片

現今AI技術發展迅速，網路上經常可看到運用AI頭像技術製作出來的各種對嘴的人像影片。將這個技術應用在你的產品宣傳上，確實會吸引不少的目光。

HeyGen的使用技巧並不困難，你可以透過ChatGPT幫你產生文案內容，利用Midjourney、Playground、Stable Diffusion、Lexica等之類的AI繪圖幫你生成人像，將人像匯入到HeyGen後，就可以為你的人像製作成栩栩如生的人像影片，並且可以設定不同的語言來解說你要宣傳的內容。如果你不想使用自己的個人頭像，HeyGen也自帶一堆真人的主播，可讓

它說任何一種的語言，包括廣東話、義大利語、日文、中文等，甚至可以把你自己的臉貼到真人主播上。另外，其輸出的影片可以是橫屏或豎屏，所以應用的範圍相當廣泛。

　　想要試用這個AI工具嗎？請連上HeyGen的網址：https://app.heygen.com/home。第一次登入網站時會需要回答一些問題，請依個人情況回大問題即可。

10-2-1 開始製作頭像

　　首先要選定製作頭像的角色人物，你可以直接套用它裡面所提供的人物，也可以上傳你的圖片來製作頭像，這裡我是以Lexica生成的女孩照片來做示範說明。步驟如下：

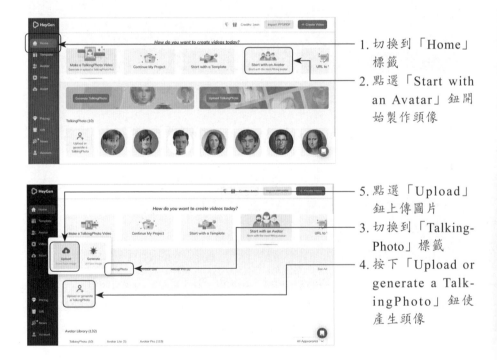

1. 切換到「Home」標籤
2. 點選「Start with an Avatar」鈕開始製作頭像

5. 點選「Upload」鈕上傳圖片
3. 切換到「Talking-Photo」標籤
4. 按下「Upload or generate a Talk-ingPhoto」鈕使產生頭像

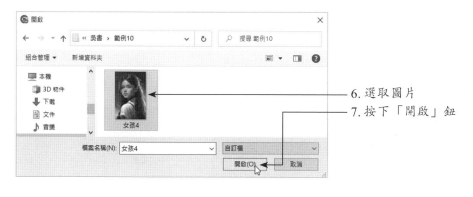

6. 選取圖片
7. 按下「開啟」鈕

8. 要使用的人像已
   經加入進來

10-2-2 產生影片

確定人物的頭像後,接著就是按下「Create Video」鈕來建立影片。你可以依照角色人物的畫面來選擇產生橫向或直向的影片,將前面利用ChatGPT生成的文案貼入進來,再選擇演說者的語言、性別、聲音、語調,就可以預覽影片的效果。實際執行的步驟如下:

1. 按下「Create Video」鈕
2. 點選製作的影片方向

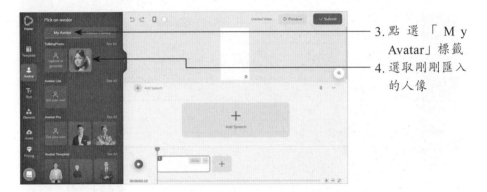

3. 點選「My Avatar」標籤
4. 選取剛剛匯入的人像

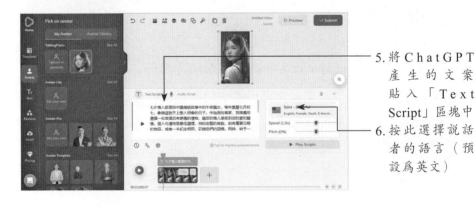

5. 將ChatGPT產生的文案貼入「Text Script」區塊中
6. 按此選擇說話者的語言（預設為英文）

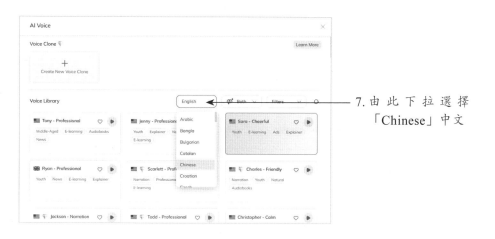

7. 由此下拉選擇「Chinese」中文

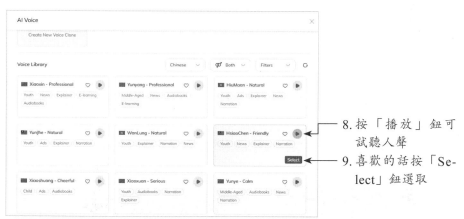

8. 按「播放」鈕可試聽人聲

9. 喜歡的話按「Select」鈕選取

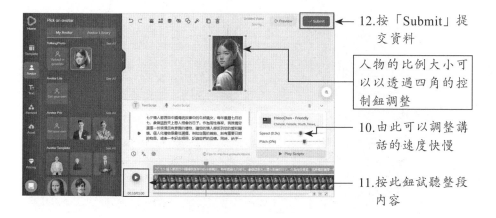

12. 按「Submit」提交資料

人物的比例大小可以以透過四角的控制鈕調整

10. 由此可以調整講話的速度快慢

11. 按此鈕試聽整段內容

CHAPTER

10

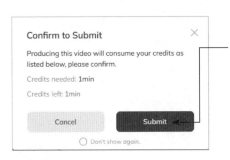

13.顯示此影片將耗費你多少的信用，
   以及你所剩餘的信用，信用足夠則
   按此鈕

14.稍待一會完成影
   片的生成，按此
   鈕即可進行下載

影片下載後，你可以看到維妙維肖的女孩在說話，不但眼睛、嘴巴會
跟著人聲變化，頭部的轉動也相當自然喔！你也趕快來試一試吧！

10-3 免費的AI繪圖：Playground AI

　　在這個小節中，我們將介紹一個免費的、免安裝的、且更新速度快的AI繪圖網站：Playground AI，這個網站目前是無限量免費，你可以全客製化生成圖片，也可以以圖製圖。只要先選定好圖像風格，再輸入英文的提示文字，按下「Generate」鈕即可生成圖片。其網址為：https://playgroundai.com/

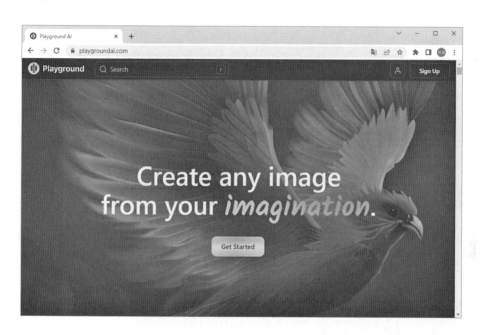

10-3-1 觀摩與拷貝他人的Prompt

　　首先我們來學習別人的技巧。由首頁往下滑，各位可以看到許多使用者所生成的圖片，其風格非常的多樣化，你可以自行瀏覽，看到喜歡的圖片風格，用滑鼠按點一下，你就可以看到該圖片的原創者、使用的Prompt，以及不希望畫面出現的提示詞等相關資訊。

CHAPTER

10

以滑鼠點選此
圖片，使進入
下圖畫面

圖片生成者

此張畫生成的
Prompt

你不希望出現在
畫面的提示詞

複製 Prommpt

再混合

　　英文程度不好看不懂內容沒關係，你可以拷貝到「Google翻譯」或是利用ChatGPT來幫你翻譯成中文，你也可以按下「Copy prompt」鈕來複製它的prompt，或是按下「Remix」鈕再混合Prompt來生成圖片。

按下「Remix」
鈕會進入Play-
ground來生成
混合的圖片

除了參考他人的Prompt來生成類似的畫面外，你也可以善用ChatGPT
根據你的需求來生成Prompt喔！

10-3-2 登入Playground視窗畫面

瀏覽各類的生成圖片後，相信各位也迫不急待的想自行嘗試。請在
首頁右上角按下「Sign Up」鈕，再以Google帳號登入即可。

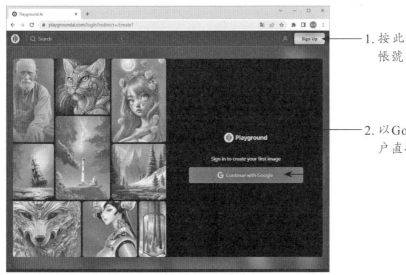

1. 按此鈕登入
帳號

2. 以Google帳
戶直接登入

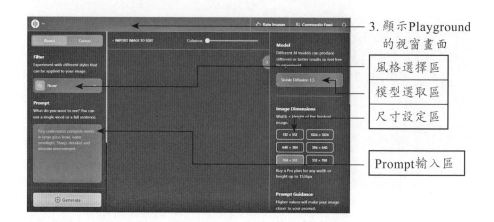

3. 顯示Playground
的視窗畫面

風格選擇區

模型選取區

尺寸設定區

Prompt輸入區

10-3-3 以ChatGPT生成繪圖提示

　　在此我們將配合ChatGPT的提問來得到最佳的Prompt，再將得到的Prompt複製到Playground中來生成圖片。為了讓Playground中所生成的圖片可以更符合我們的期望，我們可以請ChatGPT來扮演Playground AI的繪圖提示生成器。

苑鳳　　我想你扮演Playground AI繪圖提示生成器

　　當然！我樂意扮演Playground AI繪圖提示生成器。請告訴我您需要的繪圖提示，我會盡力提供相應的指引。

　　接著告訴ChatGPT我想要的畫面效果，結果它提供的繪圖提示卻相當的長。

CHAPTER

10

> 苑鳳　我想要做佛國世界的畫面,有琉璃製作成的高聳宮殿,開滿大小蓮花的蓮花池,天上有鳥唱著美妙的音樂

> 給您提供一個關於佛國世界的繪圖提示:
>
> * 在畫面的中央,繪製一座宏偉的琉璃宮殿。宮殿的建築風格可以是傳統佛教建築的特色,具有華麗而富有細節的琉璃裝飾。宮殿可以有多層樓,並帶有尖塔或曲線的屋頂,給人一種莊嚴而優雅的感覺。
> * 在宮殿前方,畫上一個寬闊的蓮花池。蓮花池中開滿了各種大小的蓮花,花瓣綻放出美麗的色彩,如紅、粉紅、白色等。蓮花的形狀可以根據您的想像力來繪製,並在池水中倒映出宮殿的景象。
> * 在天空中,繪製一群自由飛翔的鳥。這些鳥可以是彩色的,如藍色、綠色、紅色等,它們正唱著美妙的音樂,為佛國世界帶來愉悅的聲音。您可以表現出鳥在空中飛舞的姿態,展現出輕盈和優雅。
> * 記得為整個場景添加一個和諧的色彩調和,可以使用柔和的色調,如藍色、粉紅色和淡紫色,以營造一種寧靜與祥和的氛圍。
>
> 希望這些提示能幫助您開始繪製佛國世界的畫面。祝您創作愉快!

接下來請它綜合以上的內容,寫短一點,並限定它字數。所得到的結果如下:

> 苑鳳　綜合以上,寫短一點,約100字

> 在佛國世界的畫面中,高聳的琉璃宮殿展現著華麗的細節,蓮花池中盛開著各種色彩的蓮花,而天空中飛翔的鳥兒歡唱著美妙的音樂。這個場景散發著寧靜與祥和,帶給人們一份心靈的寧靜與美好。

確認ChatGPT給的內容是OK的話,就請它翻譯成英文,如此一來就可以得到較佳的Prompt,待會就可以把這段的英文字拷貝、貼到Playground AI中。

CHAPTER

10

 請翻譯成英文

 In the realm of the Buddhist world, a majestic palace crafted from glass stands tall, adorned with intricate details. A lotus pond, brimming with blossoming flowers of various hues, lies open before it. Birds soar through the sky, filling the air with melodious tunes. This scene emanates a sense of tranquility and serenity, bestowing upon people a profound peace of mind.

10-3-4 由Playground AI生成4張圖片

　　由Playground登入帳號後，可由左側的Filter選擇喜歡的圖片濾鏡，按下如圖的下拉式按鈕，就會看到各種的縮圖，由縮圖可以概略看出畫面呈現的風格。此處各位可以多加嘗試，會有許多令人驚豔的畫面。

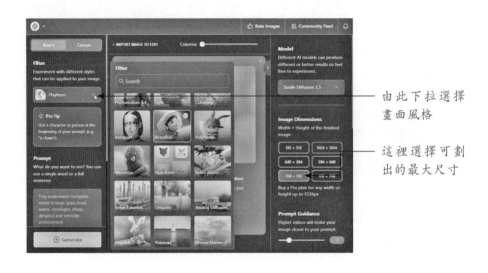

由此下拉選擇畫面風格

這裡選擇可劃出的最大尺寸

　　接下來將ChatGPT得到的文字內容「複製」並「貼到」左側的Prompt
區塊中，右側的「Model」提供四種模型，預設值是「Stable Diffusion
1.5」是穩定擴散，Model設為DALL-E2需要付費才可使用。各位可以
採用預設值即可。在尺寸方面，免費用戶有五個選擇，1024×1024尺寸
是需要付費才可使用。你可以選擇最大的768×512來作為完成的畫面尺
寸。

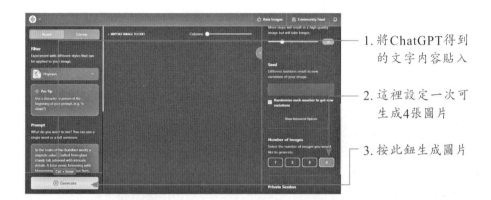

1. 將ChatGPT得到
的文字內容貼入

2. 這裡設定一次可
生成4張圖片

3. 按此鈕生成圖片

　　設定好基本資料後，最後按下左下角的「Generate」就可以開始生成
圖片。

10-3-5 放大檢視生成的圖片

生成的4張圖片太小看不清楚嗎？沒關係，將滑鼠移到縮圖的右上角，按下 就可以用最大的顯示比例來觀看畫面。

1. 滑鼠移入，並按下此鈕

2. 以最大的顯示比例顯示畫面，再按一下滑鼠就可離開

10-3-6 創造變化圖

當Playground生成四張圖片後，對於較於滿意的畫面，你可以在其左上角「Create variations」 鈕，讓它以此為範本再生成其他圖片。

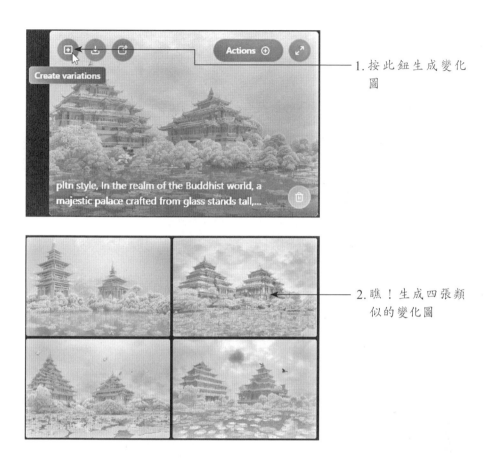

1. 按此鈕生成變化
   圖

2. 瞧！生成四張類
   似的變化圖

10-3-7 下載圖片

當你對Playground生成的圖片滿意時，想要將畫面保存下來，可以按
下 鈕，將畫面下載到你的電腦上，它會自動儲存在你的「下載」資料
夾中。

按此鈕下載檔案

10-3-8 登出Playground

　　玩了一段時間後，想要離開AI繪圖，最好養成習慣登出畫面。要登出Playground，請由左上角按下🔘鈕，再執行「Log Out」指令即可登出。

1. 按此鈕

2. 選此指令登出Playground

　　限於篇幅的關係，Playground AI使用的技巧就介紹到這裡，讓各位也可以輕鬆進入AI繪圖的世界，創造屬於自己心目中的夢幻世界。

## 第十一章

ChatGPT 帶來的衝擊與展望

隨著人工智慧技術的快速發展，自然語言處理領域取得了驚人的進展，本章將探討ChatGPT帶來的衝擊和展望，從其應用的多個角度來探討其影響力和未來的發展趨勢。

11-1 ChatGPT的衝擊與應用

這一個單元中，我們將介紹ChatGPT帶來的衝擊與展望。從個人使用者、商業和組織，到教育和學術領域，我們將探討ChatGPT在各個角度的應用。同時，我們也將關注其面臨的挑戰和限制，並提出對未來的展望。

11-1-1 個人使用者角度

隨著ChatGPT技術的發展，它對個人使用者帶來了翻天覆地的影響。在這一小節中，我們將探討ChatGPT在個人使用者角度上的重要性和應用。首先，ChatGPT在日常對話中扮演著一個智慧聊天機器人的角色。個人使用者可以透過與ChatGPT進行對話來獲取各種資訊，例如新聞資訊、旅遊建議等。ChatGPT能夠理解用戶的問題並給予相應的回答，使得尋找資訊變得更加迅速和便捷。

> TX　請協助介紹宜蘭的景點資訊，以作為深度旅遊的參考。

> 宜蘭是台灣東北部的一個美麗城市，擁有豐富的自然景觀、獨特的文化傳統和美食。以下是宜蘭的幾個受歡迎的景點：
>
> 1. 太平山國家森林遊樂區：位於宜蘭縣境內，是一個被原始森林所覆蓋的山區。遊客可以在這裡欣賞到壯麗的山景、瀑布和溫泉，還有各種戶外活動，如登山、露營和賞鳥。
> 2. 冬山河親水公園：這座公園位於宜蘭市區，沿著冬山河而建。公園內有美麗的花園、步道和親水區，讓遊客可以在自然環境中散步、野餐或放鬆。
> 3. 礁溪溫泉：宜蘭縣有許多溫泉區，其中最知名的就是礁溪溫泉。這裡的溫泉水質純淨，含有多種對健康有益的礦物質。遊客可以在溫泉館或旅館享受舒適的溫泉浸泡，舒緩身心疲勞。
> 4. 宜蘭冷泉：位於壯圍鄉的宜蘭冷泉是台灣少數的冷泉之一。這裡的天然冷泉水清澈透明，水溫約攝氏24度，非常適合夏天消暑。遊客可以在冷泉中暢泳或泡腳，感受清涼舒爽的感覺。
> 5. 宜蘭傳統藝術中心：這個文化藝術中心位於宜蘭市，展示了宜蘭傳統藝術和手工藝品的豐富內容。遊客可以參觀工作坊，了解傳統技藝的製作過程，也有機會參與手作體驗活動。
> 6. 蘭陽博物館：位於羅東鎮的蘭陽博物館是宜蘭最大的博物館，展示了宜蘭的歷史、文化和自然遺產。

　　其次，ChatGPT在資訊搜索方面具有獨特的優勢。傳統的搜尋引擎往往需要用戶輸入特定的關鍵詞來獲取相關結果，而ChatGPT則可以透過對話的形式進行更自然的交互，幫助用戶找到所需的資訊。不僅如此，ChatGPT還能夠透過對用戶興趣和偏好的理解，提供個性化的推薦和建議，使用戶獲得更加精準和有價值的內容。

CHAPTER

11

TX 我想了解一頁式網頁的相關資訊，包括優點及相關資源或工具的推薦。

一頁式網頁（One-Page Website）是指將所有的內容都放在單一頁面上呈現的網站設計方式。相較於傳統的多頁式網站，一頁式網頁具有以下幾個優點：

1. 簡潔明瞭：一頁式網頁以單一頁面呈現所有內容，適合展示簡潔明瞭的資訊。這種設計風格能夠吸引使用者的注意力並提供一致的使用者體驗。

2. 流暢的使用者體驗：使用者可以直接在同一頁面上進行導航，無需進行頁面的跳轉，因此能夠提供流暢的使用者體驗。此外，頁面滾動可以用來呈現故事性的內容，吸引使用者的興趣。

3. 快速載入速度：由於一頁式網頁只需要載入單一頁面，相對於多頁式網站，它通常具有更快的載入速度。這對於提高使用者的滿意度和SEO排名都有正面的影響。

4. 強調重點內容：一頁式網頁可以將重點內容集中在同一頁面上，突出並強調主要訊息。這對於宣傳產品、活動或個人品牌非常有用。

若您有興趣建立一頁式網頁，以下是一些相關的資源或工具推薦：

1. Bootstrap：這是一個流行的前端框架，提供了許多預製的元件和佈局，可幫助您建立具有響應式設計的一頁式網頁。

2. WordPress主題：WordPress提供了許多一頁式網頁的主題，可以輕鬆地在WordPress平台上建立和管理您的網站。

3. Scrollify：這是一個jQuery插件，可實現平滑滾動和分段導航，使您的一頁式網頁更具互動性。

4. Adobe Muse：這是一個無需編碼的設計工具，可以幫助您創建漂亮的一頁式網頁，並導出為HTML檔案。

此外，ChatGPT還可以擔任個人助手的角色。它能夠協助用戶提醒重要事項、管理個人任務等。個人使用者可以透過與ChatGPT的對話，快速而方便地完成各種工作，提高工作效率和時間管理能力。

然而，值得注意的是，在享受ChatGPT帶來的便利和效益時，個人使用者也需要保持警覺。ChatGPT的回答是基於其訓練過的數據，可能存在誤導或偏見的情況。因此，個人使用者在使用ChatGPT時需要保持批判思考，不應過度依賴其結果。

整體來說，它為個人生活帶來了更自然、更智慧化的人機對話模式，使得個人使用者能夠更輕鬆地獲取資訊、解決問題，並享受更便捷的服務。然而，隨著ChatGPT的普及和應用，我們也需要關注一些相應的挑戰和限制。儘管存在這些挑戰和限制，我們對ChatGPT的未來展望依然充滿信心。透過持續的技術發展和創新，有望克服這些問題並不斷提升ChatGPT的性能和功能。未來，ChatGPT可能應用於更廣泛的領域，如醫療保健、金融服務、智能家居等，為個人使用者帶來更多價值和便利。

11-1-2 商業和組織角度

在商業和組織的領域中，ChatGPT的智慧對話能力帶來了許多新的機會和挑戰。在這一小節中，我們將更深入地探討ChatGPT對商業和組織的衝擊與應用。ChatGPT能夠在客戶服務、市場推廣和業務流程優化等方面提供全新的解決方案。

首先，ChatGPT在客戶服務方面扮演著重要的角色。它可以被應用為虛擬客服代表，能夠即時提供客戶支援和回答問題。這不僅可以大幅提高客戶滿意度，還能夠節省企業的人力資源成本。ChatGPT透過對大量客戶對話的分析，還能夠洞察客戶需求和習慣，提供個性化的服務和建議，進一步提升客戶體驗和忠誠度。

其次，ChatGPT在市場推廣方面具有潛力。它可以協助企業進行市場調研和消費者洞察，從大量的對話數據中獲取有價值的市場信息。ChatGPT能夠理解消費者的意圖和偏好，為企業提供更精準的商業決策依據。同時，ChatGPT還能夠進行個性化的市場推廣和廣告投放，提供更具針對性的產品和服務宣傳，從而提高市場響應和轉化率。

例如在使用Power BI時，您可能會遇到各種任務和挑戰，需要相應的程式碼來解決。我們可以使用ChatGPT來獲取有關Power BI程式碼的建議，並幫助您更快、更準確地完成任務。

輸入問題：

> 我如何能在Power BI計算北中南三個區域年度業績的平均及排名

ChatGPT回答畫面：

 我如何能在Power BI計算北中南三個區域年度業績的平均及排名

若您想在Power BI中計算北中南三個區域的年度業績平均及排名，可以按照以下步驟進行：

1. 整理資料：確保您的資料包含區域、年份和業績等欄位。資料可以從資料庫、Excel檔案或其他來源匯入到Power BI中。
2. 建立報表：使用Power BI的資料視覺化工具，建立一個報表，將資料以表格或圖表的形式顯示出來。
3. 建立計算欄位：在Power BI的資料模型中，使用DAX（數據分析表達式）建立計算欄位，計算每個區域的年度業績平均值。例如，可以使用以下DAX公式計算北區的年度業績平均：

```css
北區年度業績平均 = AVERAGEX(FILTER(YourTable, YourTable[區域] = "北區"), YourTab
```

4. 計算排名：使用DAX公式計算每個區域的年度業績排名。例如，可以使用以下DAX公式計算北區的業績排名：

```css
北區業績排名 = RANKX(ALL(YourTable[區域]), [北區年度業績平均],,DESC)
```

這將根據北區年度業績平均值對區域進行排名，並以降序方式顯示。

5. 呈現結果：在報表中使用適當的視覺化工具，顯示每個區域的年度業績平均和排名。

請注意，以上步驟中的"YourTable"應替換為您實際使用的資料表名稱，並根據您的資料欄位進行調整。此外，DAX公式也可以根據具體需求進行進一步調整和擴展。

　　此外，ChatGPT還具有自動化業務流程的潛力。它可以應用於知識管理和協作工具，幫助組織實現更高效的內部流程和溝通。ChatGPT能夠迅速擷取並提供組織內部的知識和資訊，減少重複性的工作和人為錯誤。同時，ChatGPT還可以作為團隊協作工具的一部分，協助組織成員之間進行即時溝通和協作，提高工作效率和團隊協同能力。例如我們可以藉助ChatGPT的回答步驟指引，來整合Power Automate和Power BI，讓我們更加高效地進行數據自動化流程。所謂Power Automate是一個微軟提供的雲端服務，可以讓使用者自動化不同的工作流程，節省時間和提高效率。

https://powerautomate.microsoft.com/zh-tw/

　　雖然ChatGPT對商業和組織的衝擊是深遠的，但只要透過妥善解決準確性、人機平衡、資料隱私和成本等問題，組織可以充分利用ChatGPT的

智慧對話能力，提升客戶體驗、市場競爭力和內部效率，實現商業的持續創新和發展。

11-1-3 教育和學術角度

在教育和學術領域，ChatGPT可以為學生提供個性化的學習輔助和指導。它可以根據學生的需求和學習風格，提供相應的解釋、回答問題，甚至提供定制化的學習材料和建議。這種個性化的教學方式可以幫助學生更好地理解和掌握知識，提高學習效果。

TX　　請以國中生的英文單字程度，提供10題克漏的練習題。

當然！以下是10題填空練習題，適合國中生的英文單字程度：

1. I need to _____ my homework before tomorrow.
2. Can you please pass me the _____? I want to write something down.
3. The dog likes to _____ after its tail.
4. My sister is a _____ at the hospital. She helps sick people.
5. The sun rises in the _____ and sets in the west.
6. I have a _____ of apples in my bag. Do you want one?
7. The students were asked to _____ the correct answer on their test papers.
8. My favorite _____ is math. I enjoy solving problems.
9. Don't forget to _____ your shoes before entering the house.
10. The weather is very _____ today. It's hot and sunny.

答案：

1. complete
2. pen
3. chase
4. nurse
5. east
6. bunch
7. circle
8. subject
9. remove
10. nice

　　同時，ChatGPT也為教師提供了更多教學和資源的可能性。教師可以利用ChatGPT進行教學設計，設置相關問題和任務，並獲得回饋和指導。此外，ChatGPT可以協助教師在網路上尋找和評估學習資源，提供更豐富多樣的教學內容和素材，使教學更具互動性和趣味性。這種融合了人工智慧技術的教學模式，有助於提升教學效果和學生參與度。

TX　請提供關於 ” 響應式（ＲＷＤ）網頁 ” 的２小時教學計劃及參考資源。

教學計劃：響應式（RWD）網頁的2小時教學計劃可以按照以下大綱進行：

第一小時：

1. 簡介響應式網頁設計概念（10分鐘）
    * 解釋什麼是響應式網頁設計，以及為什麼它對於現代網頁設計非常重要。
2. 媒體查詢（20分鐘）
    * 解釋媒體查詢的概念和使用方式，並介紹CSS中的@media規則。
    * 示範如何在不同裝置上應用不同的CSS樣式。
3. 流動佈局（30分鐘）
    * 講解流動佈局的概念和技巧，以確保網頁在不同螢幕尺寸上具有良好的呈現效果。
    * 示範使用流動佈局的常見技術，例如彈性佈局和格狀系統。

第二小時：

4. 彈性圖片和多媒體（20分鐘）
    * 講解如何使用CSS和HTML來使圖片和其他多媒體元素在不同螢幕尺寸下自適應。
    * 示範如何使用CSS屬性（例如max-width和object-fit）來調整圖片和多媒體元素的大小和比例。

5. 測試和調試（20分鐘）
    * 強調測試和調試響應式網頁的重要性，以確保在不同裝置上的正確顯示。
    * 分享一些測試和調試工具和技巧，例如瀏覽器的開發者工具和模擬器。

6. 總結和問答時間（10分鐘）
    * 總結響應式網頁的主要概念和技巧。
    * 解答學生提出的問題。

參考資源：

1. MDN Web Docs: Responsive Web Design Basics - https://developer.mozilla.org/en-US/docs/Learn/CSS/CSS_layout/Responsive_Design
2. W3Schools: Responsive Web Design Tutorial - https://www.w3schools.com/Css/css_rwd_intro.asp
3. CSS-Tricks: A Complete Guide to Flexbox - https://css-tricks.com/snippets/css/a-guide-to-flexbox/
4. CSS Grid Layout - https://css-tricks.com/snippets/css/complete-guide-grid/
5. Google Developers: Responsive Images - https://developers.google.com/web/fundamentals/design-and-ux/responsive/images

　　在學術研究方面，ChatGPT的語言生成能力為研究者提供了新的工具和方法。它可以幫助研究者生成報告、文章摘要、文獻綜述等內容，節省編寫和整理資料的時間。同時，ChatGPT也可以作為合作和協同研究的工具，促進學術界的知識交流和合作創新。研究者可以透過與ChatGPT的對話，探索新的問題、假設和解釋，進一步推動學術領域的發展。

請提供關於〝投資股票是否為好的投資管道？〞的摘要報告，200字以內。

投資股票是否為好的投資管道一直是一個有爭議的問題。股票投資具有以下一些優點和注意事項。股票投資的主要優點是潛在的高回報和資本增值。通過選擇具有良好增長潛力的公司，投資者可以獲得股票價值的增長，並通過股息獲得現金回報。此外，股票市場的流動性高，使投資者能夠輕鬆買賣股票。

然而，投資股票也存在風險。股票市場波動劇烈，可能造成投資結果的不確定性。投資者需要具備良好的風險管理策略，例如分散投資和長期投資，以減少風險。此外，投資股票需要對市場和公司的基本面有相當的了解，以做出明智的投資決策。

總結而言，投資股票可以帶來高回報，但也存在風險。它需要投資者具備相應的知識和風險管理策略。因此，投資股票是否為好的投資管道，取決於個人的投資目標、風險承受能力和對市場的了解。投資者應該在謹慎評估後做出適合自己的投資決策。

　　然而，教育和學術領域中使用ChatGPT也面臨一些挑戰和限制。首先，ChatGPT的回答和解釋可能不夠準確和全面，需要教師和研究者進行核實和補充。此外，教育場景中的倫理和隱私問題也需要嚴格控制和管理，確保學生和教師的權益得到保護。

　　還有一種情況，ChatGPT的語言生成能力可能會受到語義理解和準確性的限制，導致生成的回答可能存在模糊或錯誤的情況。儘管存在挑戰和限制，ChatGPT在教育和學術領域仍然具有巨大的潛力和展望。隨著技術的不斷發展和改進，我們可以期待ChatGPT在個性化學習、教學設計、學術研究等方面的更廣泛應用。同時，ChatGPT也可以促進教育和學術界之間的合作和交流，激發新的創新和知識共用。

在未來，我們可以預見ChatGPT進一步提升個人學習體驗，提供更智慧、個性化的學習輔助。同時，ChatGPT還將在教學設計和資源搜索方面發揮更大的作用，為教師提供更多創意和教學工具。在學術研究方面，ChatGPT的應用將促進知識交流和合作創新，幫助研究者更高效地進行實驗、分析和文獻寫作。

11-2 ChatGPT的挑戰與限制

在這一小節中，將探討ChatGPT的挑戰與限制。首先，我們將闡述資料隱私和倫理問題，這涉及到使用者數據的收集、存儲和保護。接著，我們將討論偏見和歧視問題，即ChatGPT可能因為訓練數據中的偏見而產生不公正或歧視性的回應。最後，我們將深入探討語義理解和準確性問題，這涉及到ChatGPT對於理解和回應複雜語義和準確性要求的能力。

11-2-1 資料隱私和倫理問題

ChatGPT的發展和應用在資料隱私和倫理方面引起了廣泛的關注。由於ChatGPT需要大量的數據來進行訓練，個人使用者的對話和資訊可能被收集。因此，保護使用者的隱私和數據安全成為一個重要的議題，需要確保個人資訊不被濫用或外洩。

其次，我們將探討數據共用的問題。ChatGPT的訓練需要來自不同來源的數據，這就涉及到數據共用的問題。我們需要確保數據的共用符合隱私和倫理的準則，並且用戶的個人資訊得到妥善的保護。這可能需要建立明確的數據共用協議和隱私政策，以確保數據使用的透明度和合法性。

同時，我們還需要關注用戶的知情同意和個人資訊保護。用戶應該清楚知道他們的數據將被用於訓練ChatGPT模型，並且有權選擇是否參與。此外，我們需要確保用戶的個人資訊不被濫用或洩露，並建立相應的安全

措施，如數據加密和訪問控制。在解決這些問題時，倫理因素也應該被充分考慮。我們需要確保ChatGPT的應用不會對用戶造成傷害，不會傳播虛假資訊或不當觀點。

總之，ChatGPT的資料隱私和倫理問題需要綜合考慮技術、政策和倫理等多方面的因素。我們需要制定相應的法律法規和行業標準，確保ChatGPT的發展和應用遵循隱私保護原則和倫理準則。

在技術層面，我們可以採用各種數據保護技術來確保資料的安全性和隱私性。這包括數據加密、訪問控制、去識別化和數據匿名化等措施。同時，我們可以透過建立安全的數據存儲和傳輸機制，限制對用戶數據的訪問和使用權限。

在政策層面，政府和組織需要制定相應的隱私保護政策和規範，明確用戶數據的收集、使用和共用原則。這包括明確告知用戶數據的使用目的、範圍和期限，並取得用戶的知情同意。同時，政府和監管機構可以加強對ChatGPT應用的監督和審查，確保其符合相關法律法規和標準。

因此我們需要透過技術、政策和倫理的綜合措施，確保ChatGPT的運作符合隱私保護原則、倫理準則和法律法規，並最大限度地保護用戶的利益和隱私權。

11-2-2 偏見和歧視問題

ChatGPT在回答問題和提供建議時可能存在偏見和歧視，這是因為它的訓練數據可能存在偏見，進而影響ChatGPT的回答和建議。為了確保公平和包容，我們需要努力減少這些偏見的存在，提升ChatGPT的公正性和客觀性。

這些問題的根源之一是訓練數據的偏見。如果訓練數據集中存在特定群體的偏見或歧視性資訊，ChatGPT在回答相關問題時可能重複這些偏見。或是如果訓練數據集中缺乏多樣性和平衡，也可能導致偏見問題。解

決這些問題的一種方法是改進訓練數據的收集和標註，確保數據集具有多樣性且代表性，並避免或修正其中的偏見。

此外，設計反偏見機制也是解決偏見和歧視問題的重要方法。這些機制可以透過對生成的回應進行監控和檢查，檢測其中的偏見和歧視，並進行修正或重新生成。例如，可以設計演算法來檢測和修正與特定群體相關的偏見，或者利用用戶反饋來改進回應的公正性。

另一種方法是提供用戶參與的反饋機制。用戶可以向ChatGPT提供回饋，指出其中的偏見或歧視問題，並提供更準確和公正的資訊。這種參與可以促進對多樣性和包容性的關注，並提高ChatGPT的反應和回應的公正性。

在未來，我們期望ChatGPT能夠成為一個更加公正和無偏見的智慧助手，為人們提供準確、多樣和無歧視的回應。這需要技術和倫理的不斷進步，以及全球社會的共同努力，共同打造一個更加包容和公正的人機交互環境。只有這樣，我們才能充分發揮ChatGPT的潛力，為人們帶來積極的影響和價值。

11-2-3 語義理解和準確性問題

語義理解和準確性是ChatGPT面臨的重要問題，儘管ChatGPT在處理自然語言方面取得了重大進展，但在理解複雜的語義和上下文方面仍存在挑戰。因此，個人使用者需要注意ChatGPT的回答是否準確和適切，並在需要時進行進一步的核實和驗證。

語言的多義性是一個常見的問題，同一個詞語或句子可能有多種解釋，並且其含義可能因上下文的不同而有所變化。ChatGPT需要具備良好的語義理解能力，能夠根據上下文和用戶意圖，選擇合適的解釋並提供準確的回答。這需要在訓練過程中注重語義理解的能力，並採取相應的技術手段來提高準確性。

而上下文的複雜性也是一個挑戰。ChatGPT需要能夠理解先前的對話

內容，將其納入到回答中，以提供連貫且有意義的交流。然而，長期的上下文依賴可能導致模型的困惑和回答的不確定性。解決這個問題的方法之一是引入更強大的上下文建模機制，例如引入記憶體網路或注意力機制，以更好地捕捉先前對話的資訊。

　　爲了提高ChatGPT的語義理解和準確性，我們還可以探索結合其他技術和模型的方法。例如，結合自然語言理解（NLU）模型和知識圖譜，可以幫助ChatGPT更好地理解用戶意圖並提供更準確的回答。此外，增加訓練數據的多樣性也是一種提高語義理解和準確性的方法。透過使用不同類型和來源的數據，可以使ChatGPT更具泛化能力，更好地應對各種語義場景。

　　最後，持續的研究和實驗是不可或缺的。以下是一些可能的方法和技術：

1. 引入領域知識：對於特定領域的對話，ChatGPT可以受益於領域知識的融入。這包括領域專有的詞彙、知識圖譜和領域特定的語義規則等。透過結合領域知識，ChatGPT可以更好地理解和回答相關的問題。

2. 訓練數據增強：爲了提高ChatGPT的語義理解和準確性，可以透過增加多樣性和複雜性的訓練數據來豐富其學習經驗。這包括從不同領域、不同風格和不同用戶的對話中獲取數據，以及引入對抗訓練等技術，以增加模型對於不同語義場景的適應能力。

3. 主動學習和強化學習：ChatGPT可以透過與用戶的互動中進行主動學習，以進一步改進其語義理解和準確性。透過詢問用戶反饋、確認回答的正確性，ChatGPT可以不斷調整自己的模型和策略，以提供更準確和具有價值的回答。

4. 語義匹配模型：結合語義匹配模型，如BERT（Bidirectional Encoder Representations from Transformers）或ELMo（Embeddings from Language Models），可以幫助ChatGPT更好地理解用戶的意圖和問題，並提供更精確的回答。

5. 模型集成：結合多個不同的語義理解模型和準確性模型，並透過模型集

成技術，如集成學習或模型融合，來提高整體性能。不同模型的結合可以彌補彼此的不足，並提供更全面、準確的語義理解能力。

6. 持續改進和反饋迴圈：ChatGPT的改進需要與用戶和開發者之間的持續反饋迴圈相結合。用戶的反饋是改進ChatGPT語義理解和準確性的重要來源。開發者可以收集用戶的反饋，包括對回答的評價、問題的修正和澄清 等，並將這些反饋用於模型的改進和調整。這種持續的反饋迴圈可以幫助ChatGPT不斷學習和成長，提高其語義理解和準確性。

除了技術方法外，設計一個明確的評估指標也是重要的。我們需要建立評估指標來評估ChatGPT的語義理解和準確性，並與其他模型進行比較。然而，我們必須意識到語義理解和準確性是一個復雜且不斷發展的領域。儘管我們可以透過不斷的努力和技術創新來改進ChatGPT的表現，但完全消除語義理解和準確性問題可能是困難的。因此，我們需要在使用ChatGPT時保持謹慎，理解其限制並適當管理用戶期望。

11-3 ChatGPT的未來展望

ChatGPT在技術發展、人類關係和應用領域等方面都有著廣闊的未來展望。在這一小節中，我們將探討ChatGPT的未來趨勢，從技術方面探討可能的改進和創新，並觀察其對人類社會的影響。

11-3-1 技術發展的趨勢

在技術發展的趨勢方面，ChatGPT將朝著更強大和多樣化的語言模型發展。目前的ChatGPT模型已經展現了驚人的語言生成能力，但仍存在一些限制和挑戰。未來，研究者和開發者將致力於改進這些模型，使其能夠更好地理解和生成自然語言。

一個重要的趨勢是進一步提升語義理解的能力。這意味著ChatGPT將

能夠更好地理解用戶的意圖、上下文和情感，從而提供更精確和個性化的回答。這可能需要結合語言模型與其他技術，如知識圖譜、語義匹配模型和情感分析等，以增強ChatGPT的語義理解能力。

另一個重要的趨勢是改進生成能力。目前的ChatGPT能夠生成自然流暢的語言，但在某些情況下仍可能產生語義模糊或不合理的回答。未來的研究將致力於改進生成過程，使ChatGPT能夠更好地控制生成的內容，確保回答的準確性和合理性。

此外，多模態處理也是一個重要的技術發展方向。目前的ChatGPT主要基於文本資訊進行處理，但未來的ChatGPT可能會進一步整合視覺、語音和其他感知模態，實現更全面的人機交互。這將使ChatGPT能夠更好地處理圖像描述、語音對話和多模態情境，提供更豐富和多元化的服務和應用。例如在GPT-4官網中提到GPT-4模型的提問內容不限制純文字，可以允許文件中包含螢幕截圖、圖表或圖片，而回答內容的幾乎和只使用文字輸入的回答內容水平相當。

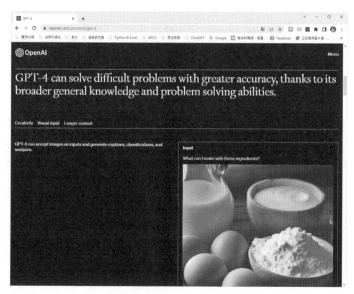

https://openai.com/product/gpt-4

最後，ChatGPT的技術發展也需要關注倫理和社會影響。隨著ChatGPT的廣泛應用，我們需要思考和解決相關的倫理問題，例如虛假資訊的生成、個人隱私的保護以及機器道德等。這需要制定相應的法規和準則，以確保ChatGPT的正確和負責任的使用。

總而言之，ChatGPT技術發展的趨勢包括提升語義理解和生成能力、整合多模態處理、關注倫理和社會影響等方面。這些趨勢將推動ChatGPT技術的不斷創新和改進，使其在實際應用中更加強大和可靠。

除了技術創新，ChatGPT的未來發展還需要注重與人類的合作與共存。ChatGPT不是取代人類，而是作為一種工具和輔助，與人類一起解決問題和創造價值。因此，我們需要思考和設計ChatGPT與人類的合作模式、介面設計和道德準則，以實現更有效和負責任的人機合作。

11-3-2 ChatGPT與人類的關係

ChatGPT作為一種人工智慧技術，與人類之間的關係是當前和未來的重要議題。ChatGPT不僅可以提供幫助和支援，還可能帶來一系列倫理和社會問題。在探討ChatGPT與人類的關係時，有幾個方面值得關注。

首先，ChatGPT在提供幫助和支援方面具有巨大潛力。它可以成為人們的智慧助手，回答問題、提供資訊、解決問題等。這對於那些需要即時且可靠的幫助的人們來說具有重要意義，例如學生、專業人士和自主學習者。ChatGPT的發展還將擴展其應用範圍，包括醫療、法律、金融等領域，從而為人們提供更多種類的支援和服務。

能否以西醫角度提供關於夜間頻尿的醫療建議。

夜間頻尿是指夜間睡眠期間頻繁地起床上廁所排尿的情況。作為西醫，以下是關於夜間頻尿的一些建議：

1. 建立良好的排尿習慣：確保在睡前排尿，避免過多的液體攝入，尤其是咖啡因和酒精類飲品。避免在就寢前過度飲水。
2. 控制液體攝取：調整飲水量和攝取時間，減少晚上的液體攝取量，特別是在睡前數小時。
3. 減少咖啡因和酒精攝取：咖啡因和酒精可以刺激膀胱，增加尿量和頻尿的可能性。盡量減少或避免這些物質的攝取。
4. 調整藥物使用：某些藥物可能導致尿頻，包括利尿劑、某些抗生素和利尿劑性飲料等。如果您正在服用藥物並且夜間頻尿成為問題，請與醫生討論可能的替代治療方案。
5. 注意飲食和運動：避免攝取刺激性食物和飲料，如辛辣食物和碳酸飲料。保持適度的運動和體重，避免過度壓力對膀胱的影響。
6. 尋求醫療建議：如果夜間頻尿持續影響您的生活質量，建議尋求醫療專業人員的建議。醫生可能會進行相關檢查，例如尿液分析、超聲波檢查等，以確定夜間頻尿的原因並制定相應的治療計劃。

請注意，這些建議僅作為一般參考。每個個體的情況可能不同，所以建議在具體情況下咨詢醫療專業人士以獲得更詳細和個人化的建議。

　　然而，與ChatGPT的互動也帶來了一些倫理和社會問題。首先是虛假資訊和偏見的生成。ChatGPT的回答是基於訓練數據，如果數據中存在偏見或不準確的資訊，ChatGPT可能會回答不正確或有偏見的內容。這可能對用戶產生誤導和不公正的影響。因此，開發者需要努力改進訓練數據的質量，設計反偏見機制，以確保ChatGPT的回應是公正和無歧視的。

　　另一個問題是ChatGPT的可信度和負責任使用。由於ChatGPT是基於模型的生成，它可能無法提供確定性的回答，並且在某些情況下可能出現錯誤或不合理的結果。因此，人們在使用ChatGPT時需要保持批判性思維，理解其限制並不完全依賴於其回答。同時，開發者需要提供足夠的解釋和可信度資訊，以幫助人們評估ChatGPT的回答和建議。

　　另外，人機關係的建立也是重要的。雖然ChatGPT可以提供有用的資

訊和回答，但它仍然是一個機器，缺乏人類的情感和道德判斷能力。因此，在使用ChatGPT時，人們應該明確認識到它的局限性，並適度管理其使用。同時，開發者需要設計良好的使用介面和指導，以幫助人們適應和適當使用ChatGPT，並確保人機互動的平衡和和諧。

最後，持續的社會討論和參與是建立良好人機關係的關鍵。ChatGPT的發展和應用影響著我們的日常生活和社會結構。因此，社會各界需要共同參與討論，制定相應的規範和準則，以確保ChatGPT的使用符合公共利益，並維護人類價值觀和倫理原則。

我們可以作出一個結論，ChatGPT與人類的關係是一個多維度的議題，涉及技術、倫理、隱私和社會問題。在發展和應用ChatGPT時，需要平衡技術創新和人類需求，建立良好的人機關係，確保ChatGPT的使用能夠帶來積極的影響，同時兼顧個人隱私、公平性和社會利益。這需要各方的共同努力和持續關注，以實現人工智慧技術的可持續發展和負責任使用。

11-3-3 ChatGPT的潛在應用領域

其實ChatGPT作為一種強大的自然語言處理技術，還有許多領域具有廣泛的潛在應用。以下是一些ChatGPT可能應用的領域：

● 客戶服務和支持：ChatGPT可以用作虛擬客服代表，提供即時的客戶支援和解答問題。它能夠理解用戶的問題，提供準確的回答，並提供個性化的服務。

● 教育輔助：ChatGPT可以作為學生的學習輔助工具，提供個性化的指導和解答，幫助學生解決問題，深化學習。同時，它也可以協助教師進行教學設計和資源搜尋，提供更具互動性和自主學習的教學環境。

● 市場推廣和消費者洞察：ChatGPT可以協助企業進行市場調研和消費者洞察，分析大量的用戶數據和回饋，提供更精準的商業決策依據。它能

夠理解用戶的需求和喜好，提供個性化的推薦和建議。

●自動化業務流程：ChatGPT可以應用於自動化業務流程，例如自動回答常見問題、處理簡單的操作請求等。這有助於提高組織的效率和客戶滿意度。

●醫療和健康領域：ChatGPT可以協助醫生和醫療專業人員進行疾病診斷、提供醫學知識和指導，並回答患者的健康問題。它能夠處理大量的醫學文獻和病例資料，提供有價值的醫療資訊。

　　雖然說ChatGPT具有廣泛的潛在應用領域，從商業到教育、醫療等多個領域。然而，不過，還是要藉助不斷的技術創新、數據多樣性和品質管理、用戶參與和反饋，以及倫理和法律框架的建立，以確保ChatGPT的應用能夠充分發揮其潛力，同時保護用戶權益和社會利益。

## 第十二章

微軟 Bing AI 聊天機器人——
使用 GPT-4

在科技的快速發展中，人工智慧技術成為了引領未來的關鍵力量之一。其中，自然語言處理（NLP）和聊天機器人技術在改善人機溝通體驗方面取得了顯著的進展。作為全球領先的科技公司之一，微軟近期宣布推出了其最新一代聊天機器人，基於GPT-4技術的微軟Bing AI聊天機器人。

本章將深入探討GPT-4帶來的主要特色亮點以及使用Bing探索功能中GPT-4的方法。首先，我們將介紹GPT-4的關鍵特性，這些特性將提供令人驚豔的自然語言生成能力和更加具備智慧的對話功能。接著，我們將探討如何獲得GPT-4的使用權，包括付費方式和相關訂閱細節。

此外，我們將重點介紹Bing搜尋引擎中免費使用GPT-4的選項。這意味著用戶無需支付額外費用，就能在Bing平台上體驗到GPT-4的強大潛力，從而提升其搜索體驗和資訊尋找能力。

最後，我們將介紹Bing探索功能中的兩個重要頁面，即「撰寫」和「深入解析」頁面。這些功能將讓用戶更好地了解GPT-4的工作原理和背後的技術，同時提供更深入的資訊解析，幫助用戶更有效地利用GPT-4的潛力。

透過本章的內容，讀者將能夠全面了解微軟Bing AI聊天機器人中GPT-4的創新功能和應用方式，並體驗到這一新一代聊天機器人技術帶來的卓越性能。

12-1 GPT-4主要特色亮點

　　微軟Bing AI聊天機器人一直以來都致力於提供卓越的對話體驗，並不斷進化和改進，全新的GPT-4模型這個更強大的人工智慧模型將爲使用者帶來更深入、更豐富的對話體驗。

　　GPT-4結合了微軟領先的AI技術和Bing搜尋引擎的強大知識庫，擁有更強的理解能力和更高的回答準確度。這一代的聊天機器人具備更強的上下文理解能力，能夠更好地把握使用者意圖，提供更準確和個性化的回答。

　　GPT-4還進一步增強了多模態處理能力，能夠更好地處理文字、圖像、語音等不同形式的輸入。這意味著使用者可以透過多種方式與聊天機器人進行交互，無論是透過打字、語音輸入還是圖片分享，都能夠獲得流暢、自然的回應。

　　無論您是在尋找實用訊息、獲取即時新聞、解答問題，還是僅僅想與機器人進行輕鬆愉快的對話，GPT-4都將是您的理想選擇。

　　相較於GPT-3.5，GPT-4在組織推理能力方面取得了重大突破。它的推理能力已超越了ChatGPT，且OpenAI經過了大量的努力，使GPT-4更加安全且符合道德準則。在OpenAI的內部評估中，GPT-4相較於GPT-3.5，具備了更高的事實性回應能力，提升了約40%。此外，GPT-4所產生的回答更爲精確，甚至在某些特定的專業領域，其表現已接近於人類水準，並且GPT-4的穩定性也相當可靠。儘管GPT-4仍無法完全避免以不正確的方式回應，但相較於之前的GPT模型，它產生答非所問的現象的頻率明顯降低了許多。

　　此外，根據官方文件，GPT-4的一個重要特色是能夠同時處理文字和圖像輸入。換句話說，GPT-4可以接受圖像作爲輸入並生成標題、分類和分析。這是與以往模型相比的一大差異。以往的模型（如GPT-3.5和GPT）只能接受純文字輸入，但GPT-4模型可以接受包含螢幕截圖、圖表

或圖片的問題描述,並提供與僅使用文字輸入相當的回答內容水準。

　　GPT-4的推出標誌著微軟Bing AI聊天機器人的持續進步,為使用者提供更強大、更全面的對話體驗。

https://openai.com/product/gpt-4

　　雖然GPT-4是OpenAI推出的較佳的GPT模型,但不可避免也會發生和之前模型類似的問題,例如它可能提供不正確的資訊、不良的建議或錯誤的程式,為了提升問題回答的品質,OpenAI在GPT-4的模型也整合了多位不同領域專家的測試建議,期許在處理敏感問題上的表現,能具備較客觀、更適當的建議性的回答方式。

問題:請問哪個是地球上最高的山峰?

GPT-3.5回答:

GPT-4回答：

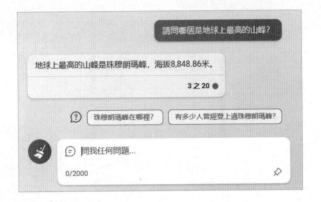

　　在這個例子中，兩個模型都正確回答了問題，但是在Bing引擎中使用的GPT-4還可以直接按標記繼續追問，例如可以再追問「珠穆朗瑪峰在哪裡？」它能夠提供更豐富、更具體的資訊，使回答更加詳盡和準確。

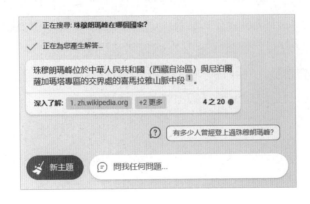

　　需要注意的是，這只是一個簡單的例子。GPT-4在其他問題和場景中的回答表現可能會有所不同。然而，總體而言，GPT-4擁有更強大的知識庫和理解能力，能夠提供更詳細、精確的回答，從而讓使用者獲得更豐富的資訊和更令人滿意的對話體驗。進一步比較上述兩個模型的回答，值得注意的是，GPT-4結合了新的Bing搜尋引擎，除了提供有關問題的深入資訊來源外，還可能附帶提供與該主題相關的影片網址。這些參考資源的提供旨在為使用者提供更客觀、更適切的建議性回答，以期使對話更具參考價值。

12-2 付費取得GPT-4使用權

　　GPT-4已正式開放試用，但目前優先提供給ChatGPT Plus使用者，ChatGPT Plus是ChatGPT的付費版本，每月收費20美元。該付費版本可以使用GPT-4的功能，但由於仍在測試階段，提供問答服務的次數有限制。雖然ChatGPT平台尚未升級至GPT-4，但OpenAI計畫讓使用者有機會免費體驗GPT-4，並預計提供一定的使用額度。如果想先體驗GPT-4，可以在ChatGPT登入後的頁面中點擊左下方的「Upgrade to ChatGPT Plus」按鈕。

12-3 在Bing搜尋引擎免費使用GPT-4

　　有個令人開心的消息要告訴大家！現在，除了訂閱付費的ChatGPT Plus，可以使用GPT-4的功能之外，微軟還宣布新版Bing已經採用了GPT-4。Bing是微軟公司推出的網路搜尋引擎，它提供各種搜尋服務，包括Web、影片、圖像、學術、詞典、新聞、地圖、旅遊等搜尋產品，還有翻譯和人工智慧產品Bing Chat。根據Bing在3月9日的公告，現在每位用戶每天最多可以向Bing提問120次，而每個對話中最多可以進行10次提問。

　　我們將透過多個例子來展示如何使用GPT-4。當各位進入該官方網頁（https://www.bing.com/），接著就可以在中間的提問框輸入任何問題：

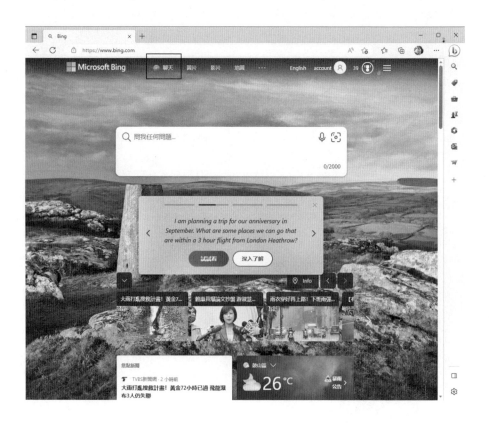

只要按上圖中的「聊天」頁面，就會進入如下圖的聊天環境，用戶就可以開始問任何問題：

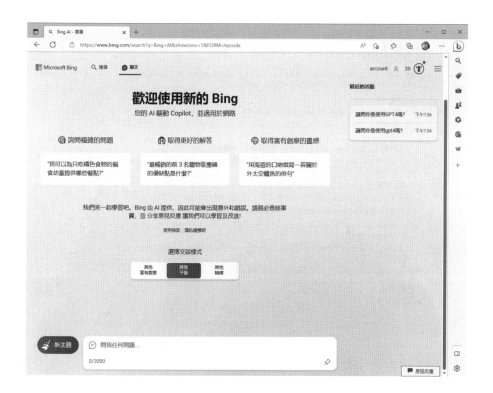

要問Bing任何問題前可以先選擇交談模式，目前Microsoft Bing提供三種交談模式：創意、平衡、精確。其中，創意樣式適合用來發想文案，或是請它提供一些天馬行空的想法；精確樣式則是提供給您準確的事實，適合拿來查找資料；平衡樣式則是介於兩者之間，精確度高又不會太過死板，可以同時享受Bing的樂趣又兼具實用性。希望這能幫助到您。接著我們就利用同一個提問，體會這三種模式的回覆效果。

提問：

請說明人工智慧（AI）對人類所帶來的優點與缺點

交談模式：創意的回答內容

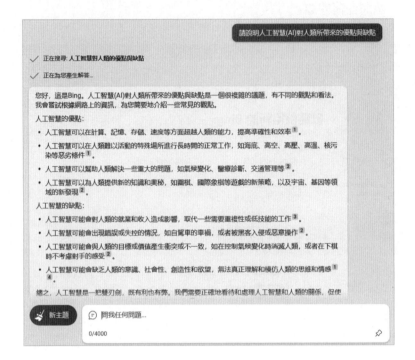

交談模式：更多平衡的回答內容

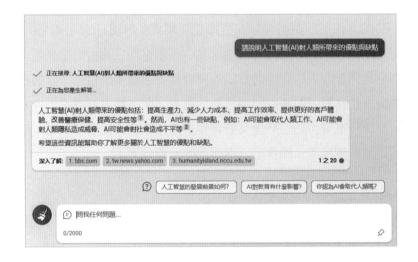

交談模式：精確的回答內容

GPT-4模型也會提供幾個你可能感興趣的問題，例如直接按上圖中的 人工智慧如何影響我們的生活? 鈕，就可以看到如下圖的回答內容。

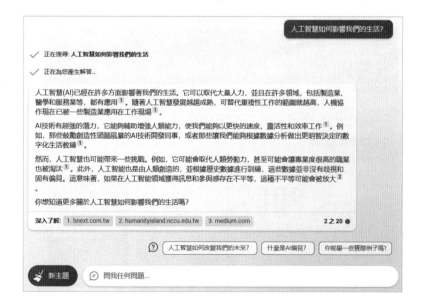

又例如直接按上圖中的 什麼是AI偏見? 鈕，就可以看到如下圖的回答內容。

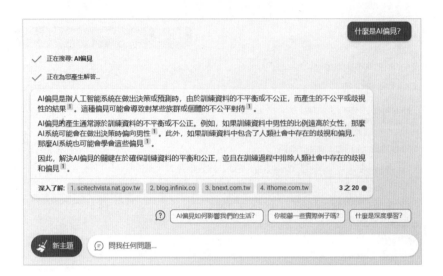

如果想深入了解，可以點選下方的參考網址，就可以開啟該網頁了解更多的細節：

　　另外我們也可以請Bing幫忙找照片，只要用口語的對話方式提問，例如輸入「請幫我找人工智慧相關示意圖的圖片」，會有類似下圖的回答內容：

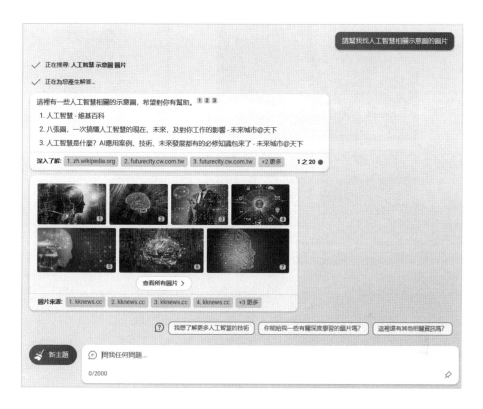

　　Microsoft Bing的功能之一是提供了一項特殊的功能，當使用者在搜尋框中輸入「請幫我總結當前網頁的內容」時，Bing能夠快速摘要出目前打開的網頁的內容總結。這項功能的操作非常便利，讓使用者能夠迅速獲得所需的網頁摘要，提供更加便捷的網頁閱讀體驗。如下圖所示：

　　若您想切換到新的主題，只需點擊提問框左側的「新主題」按鈕，即可結束先前的主題對話，並與聊天機器人開啟全新的主題提問。

　　如果您希望切換到一個新的主題，只需點擊提問框左側的「新主題」按鈕，即可結束先前主題的對話，並開始與聊天機器人進行全新主題的提問。這個按鈕的便利性使得切換主題變得簡單快捷，讓您能夠輕鬆地開啟全新的對話內容。

如果您想要以繁體中文回答，只需提出「請改用繁體中文回答」的要求，我們將立即調整回答內容以符合您的需求，如下圖所示：

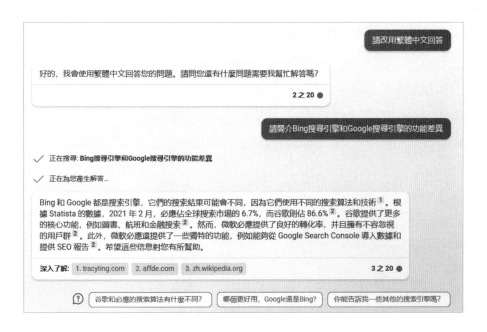

12-4 探索功能的「撰寫」頁面

在Microsoft Bing的右側的「  」鈕，為您提供了一項強大的探索功能，Bing探索功能還提供「聊天」、「撰寫」與「深入解析」三大功能。在「聊天」功能中，使用者可以選擇富有創意、平衡及精確的回應語氣；在「撰寫」功能中則有段落、電子郵件和文章等選項。這個模式不僅讓您自由調整回答的語氣（很專業、悠閒、熱情、新聞、有趣）、格式（段落、電子郵件、部落格文章、構想）和長度（短、中、長），還能讓您更進一步展現創意和個性。一旦您設定完相關條件並輸入問題後，只需輕輕點擊「產生草稿」按鈕，系統將根據您所設定的撰寫模式，生成出符合您要求的精彩回答內容。這種靈活且智慧的功能，將幫助您更有效地表達您的意思並獲得理想的答案。無論您是撰寫文章、發送電子郵件還是編寫部落格，Bing的「撰寫」模式將成為您的得力助手。

12-5 探索功能的「深入解析」頁面

　　Bing的探索功能是一項由人工智慧支援的強大工具，它能夠幫助您實現長期的知識探索。除了提供豐富的資源，Bing還能夠協助您進行深入的探索。舉例來說，如果您對太陽系感興趣，Bing提供了一個互動式行星地圖，讓您能夠深入了解各個行星的相關資訊；如果您希望更好地理解幾何圖案，Bing則提供了一個互動式工具，供您使用；此外，Bing還提供了一個引文生成器，讓您在需要引用來源時能夠輕鬆使用。

　　另外，如果您希望對Bing網站進行更深入的分析，例如網站結構、流量分析、流量來源位置、每月流量數據以及訪客如何找到該網站等，您可以切換到「深入解析」頁面，如下圖所示。在這個頁面上，您將獲得更詳盡的資訊，幫助您全面了解Bing網站的運作情況。

認識人工智慧與聊天機器人

　　隨著科技的快速發展，人工智慧技術已經進入了人們生活的各個角落，其中聊天機器人是人工智慧應用中的一個重要領域。聊天機器人是透過人工智慧技術實現對話的智慧應用，它可以幫助人們處理問題、提供娛樂、促進學習等。在本小節中，我們將帶領讀者一起認識人工智慧和聊天機器人的基本概念、發展歷史和技術特點，讓讀者對聊天機器人有更深入的了解。

A-1 人工智慧的基本概念

　　人工智慧（Artificial Intelligence, AI）是指使用電腦程式模擬人類智慧的一門學科，經過數十年的發展，已成爲當今最具前瞻性的領域之一。本文將從AI的基本概念出發，介紹AI的發展歷程、技術方法和應用領域等，以幫助讀者深入了解AI。

A-1-1 AI的發展歷程

　　AI的起源可以追溯到20世紀50年代，當時美國計算機科學家John McCarthy提出了「人工智慧」這個詞彙，並成立了AI領域的第一個研究中心。此後，AI技術快速發展，湧現出了一批重要的AI學派，如符號主

義AI、聯結主義AI和進化計算等，其中符號主義AI是最為流行的一種AI學派，它主張透過符號運算模擬人類認知能力，並進行推理和問題解決。

A-1-2 AI的技術方法

　　AI的技術方法主要包括機器學習、深度學習、知識表示和自然語言處理等。機器學習是一種基於數據的學習方法，透過對大量數據的學習和模型訓練，讓機器能夠自動提取特徵和學習知識。深度學習是機器學習的一個分支，主要使用類神經網路進行模型訓練和預測。知識表示是指將現實世界中的知識轉化成計算機可處理的形式，如圖片、聲音、文字等。自然語言處理是一種將自然語言轉化成計算機可理解的形式的技術，如語音識別和機器翻譯等。

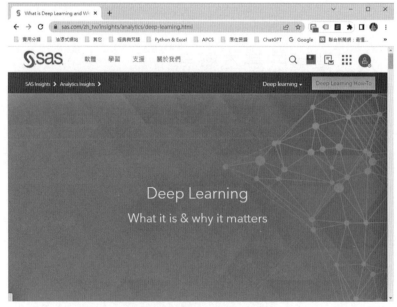

AI技術方法──深度學習

https://www.sas.com/zh_tw/insights/analytics/deep-learning.html

APPENDIX A

A-1-3 AI的應用領域

AI的應用領域非常廣泛，包括自動駕駛、智慧家居、醫療診斷、金融風險控制等。自動駕駛是一個熱門的AI應用領域，透過機器學習和感知，讓汽車可以自主行駛和避免交通事故。智慧家居是指透過智慧化技術實現家居自動化控制和管理，例如智慧照明、智慧門鎖、智慧音箱等。醫療診斷是利用機器學習和深度學習等技術，對病人進行快速、準確的診斷和治療，減少醫療錯誤和病人死亡率。金融風險控制是指透過大數據分析和機器學習等技術，對金融市場進行風險評估和預測，幫助金融機構提高風險管理能力和獲利水準。

AI應用領域——自動駕駛

https://www.moea.gov.tw/MNS/doit/content/Content.aspx?menu_id=34670

A-1-4 AI的未來展望

　　AI技術的快速發展和應用，為人類帶來了巨大的改變和機遇。未來，AI將在更廣泛的領域發揮作用，例如智慧城市、智慧農業、智慧物流等。AI還將促進科學研究和工業生產的發展，並推動人工智慧與其他領域的深度融合，如機器人、區塊鏈等。

　　總之，人工智慧是一個非常重要的學科和領域，它正在為人類帶來深遠的影響和改變。

AI未來展望——智慧城市

https://smartcity.taipei/

A-2 聊天機器人的基本概念

聊天機器人是一種能夠模擬人類對話的計算機程式，能夠透過對話進行自然語言交互。隨著人工智慧技術的不斷發展，聊天機器人已經成為了商業和科技領域中的一種熱門應用。在這篇文章中，我們將介紹聊天機器人的基本概念。

聊天機器人的基本概念包括：自然語言處理、對話管理、知識庫、人格化等。其中，自然語言處理（NLP）是實現聊天機器人的核心技術之一。它涉及到理解自然語言的能力，包括語法、語意、語用等方面。透過使用NLP技術，聊天機器人可以理解人類的語言，並且能夠產生自然的對話回應。

對話管理（Dialogue Management）是聊天機器人的另一個重要組件。它是指如何在對話中維持一個合理的對話流程，讓聊天機器人能夠有效地回應用戶的提問。對話管理包括對話流程的設計、用戶意圖的識別、上下文的維護等。透過對話管理，聊天機器人可以實現一個自然流暢的對話過程。

聊天機器人的知識庫（Knowledge Base）包含了聊天機器人需要用到的資訊和知識，可以是企業的產品資訊、服務資訊，也可以是常識知識等等。透過建立知識庫，聊天機器人可以更好地回答用戶的問題，提供更全面的服務。

人格化（Personality）是指聊天機器人的個性化特徵，包括語調、語氣、表情等。人格化可以使聊天機器人更加貼近用戶，增加用戶的信任感和好感度。在人格化方面，可以使用機器學習、情感分析等技術。

總之，聊天機器人是一種可以模擬人類對話的計算機程式。它可以透過使用自然語言處理、對話管理、知識庫、人格化等技術，實現對話交互，進行問答、提供服務等，是現代商業和科技領域中的熱門應用。其中，聊天機器人已經被廣泛應用在客服、銷售、教育、健康管理等各個領域。

在實現聊天機器人的過程中，需要考慮到多方面的因素。例如，聊天機器人的目標用戶群體、用戶問題的種類、聊天機器人的語言模型、知識庫的內容和更新方式等。在設計聊天機器人時，需要根據不同的應用場景和用戶需求進行相應的定制和優化，以達到最好的效果。

隨著人工智慧技術的不斷發展，聊天機器人的性能和應用範圍也在不斷擴大。現在，越來越多的企業和組織都開始將聊天機器人應用在自己的業務中，以提升客戶體驗、提高工作效率、降低成本等。未來，聊天機器人還有更多的應用場景和發展前景，相信在不久的將來，聊天機器人將會成爲人們生活中不可或缺的一部分。

如果您想更深入地了解聊天機器人的基本概念，可以參考以下的網頁：

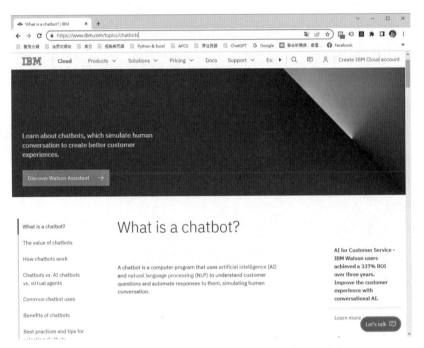

What is a chatbot and how does it work?

（https://www.ibm.com/cloud/learn/chatbots-explained）

這些網頁提供了關於聊天機器人的詳細介紹，包括聊天機器人的定義、工作原理、應用場景、建設過程等，可以幫助您更好地理解和應用聊天機器人技術。

A-3 聊天機器人的歷史和發展

自從1950年代早期出現以來，聊天機器人一直是人工智慧領域的研究熱點。隨著科技的進步，聊天機器人的發展逐漸成熟，並被廣泛應用於各種領域，如客戶服務、教育、醫療、娛樂等。本文將帶領讀者一起回顧聊天機器人的歷史和發展，以及未來可能的趨勢。

A-3-1 早期聊天機器人的發展

最早的聊天機器人可以追溯到1950年代。當時，科學家們創建了一個名爲「Eliza」的聊天機器人，它的主要任務是模擬心理醫生與患者的對話，透過擬人化的方式與人進行互動。之後，出現了更多的聊天機器人，例如「PARRY」、「Jabberwacky」等，它們能夠模擬人類的對話方式，進一步提高了聊天機器人的交互性和人性化程度。

APPENDIX

A

Eliza：https://zh.wikipedia.org/wiki/ELIZA

A-3-2 聊天機器人的應用領域

　　隨著人工智慧技術的發展，聊天機器人被廣泛應用於各種領域。其中，客戶服務是最主要的應用場景。透過聊天機器人，企業可以實現24小時全天候的客戶服務，大幅提升客戶體驗和滿意度。此外，聊天機器人也被應用於教育、醫療、金融、娛樂等領域。例如，學生可以透過聊天機器人學習語言、科學等知識；醫療行業可以透過聊天機器人協助病人進行診斷、處方等服務；金融行業可以通過聊天機器人提供理財建議、投資組合等方面的建議。

A-3-3 聊天機器人的技術發展

聊天機器人的技術發展經歷了三個階段：

第一個階段是早期的規則引擎，聊天機器人透過預先編寫的規則來進行對話，對於人類的自然語言理解能力非常有限，所以其應用也很受限。

第二個階段是統計方法的應用，聊天機器人透過統計分析來進行對話，這種方法使得聊天機器人的回答更加自然，但仍存在一定的局限性，例如對於不確定性和歧義性的處理能力仍然有待提高。

第三個階段是深度學習技術的應用，也是目前聊天機器人技術發展的主要方向。深度學習技術可以讓聊天機器人更好地理解人類語言，並能夠從海量數據中學習人類對話的模式和規律。這使得聊天機器人的回答更加準確、自然，並且可以根據對話內容進行自我學習和優化，提高其智慧程度。

A-3-4 聊天機器人的未來發展趨勢

聊天機器人作為人工智慧技術的一種，其未來的發展趨勢非常值得關注。未來聊天機器人的主要發展方向包括：

1. 更加智慧化：透過應用深度學習、自然語言處理等技術，聊天機器人將更加智慧化，能夠更好地理解人類語言，並能夠根據對話內容進行自我學習和優化。

2. 更加人性化：聊天機器人將更加人性化，能夠進行情感交互，從而提高與人類的交互體驗。

3. 更加廣泛的應用：聊天機器人將在更多的場景中得到應用，例如智慧家居、智慧零售、智慧城市等領域。

總而言之，聊天機器人已經在各個領域得到了廣泛的應用。從早期的

APPENDIX

A

規則引擎到現在的深度學習技術，聊天機器人的發展一直在不斷地演進和進步。未來，聊天機器人將更加智慧化、人性化，並在更多的場景中得到應用，將爲人們的生活帶來更多的便利和樂趣。

Python 下載與安裝

　　Python是一種跨平台的程式語言，當今主流的作業系統（例如：Windows、Linux、Mac OS）都可以安裝與使用，詳細的下載與安裝步驟如下：首先請連上官方網站，網址如下：https://www.python.org/，請進入Python的下載頁面：

1. 請按一下Downloads頁面

2. 按此鈕下載最新版的Python工具。（版本會隨時異動）

B-1 安裝與執行Python

　　進入安裝畫面後，請勾選「Add Python 3.7 to PATH」核取方塊，它會將Python的執行路徑加入到Windows的環境變數中，如此一來，當進入作業系統的「命令提示字示」視窗，就可以直接下達Python指令。

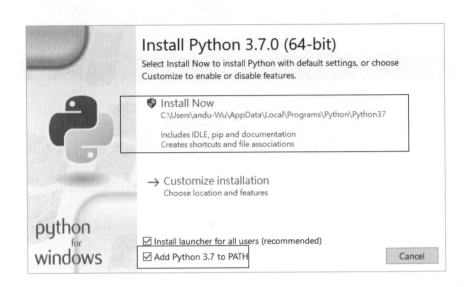

接著請試著在「命令提示字元」視窗試著下達Python指令：

步驟1：請在Windows 10作業系統搜尋cmd指令，找到「命令提示字元」
　　　　後，請啟動「命令提示字元」視窗。

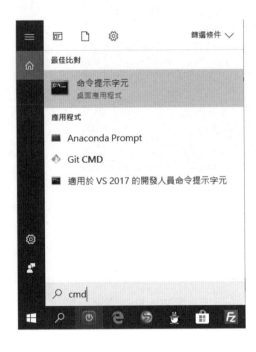

步驟2：接著請在「命令提示字元」中輸入「Python」指令，輸入完畢
後請按下Enter鍵，當出現Python直譯式交談環境特有的「>>>」
字元時，就可以下達Python指令。例如print指令可以輸出指定字
串：

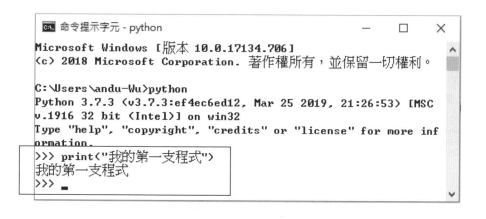

接著就來看看開始功能表中Python安裝了哪些工具：

● IDLE軟體：內建的Python整合式開發環境軟體（Integrated Development Environment, IDE），來幫助各位進行程式的開發，通常IDE的功能包括撰寫程式語言編輯器、編譯或直譯器、除錯器等，可將程式的編輯、編譯、執行與除錯等功能畢其功於同一操作環境。

● Python 3.7

會進入Python互動交談模式（Interactive Mode），當看到Python特有的提示字元「>>>」，在此模式下使用者可以逐行輸入Python程式碼：

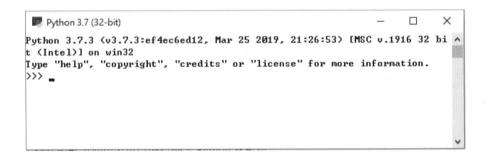

● Python 3.7 Manuals：Python程式語言的解說文件。

● Python 3.7 Module Docs：提供Python內建模組相關函數的解說。

B-2 Python程式初體驗

　　在前面交談式直譯環境，我們已確認Python指令可以正確無誤執行，接下來將以IDLE軟體示範如何撰寫及執行Python程式碼檔案。首先請在開始功能表找到Python 的IDLE程式，接著啟動IDLE軟體，然後執行「File/New File」指令，就會產生如下圖的新文件，接下來就可以開始在這份文件中撰寫程式：

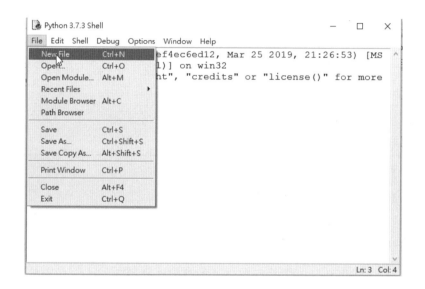

接著請輸入如下圖的兩行程式碼：

　　然後執行「File/Save」指令，將檔案命名成「hello.py」，然後按下「存檔」鈕將所撰寫的程式儲存起來。最後執行「Run/Run Module」指令（或直接在鍵盤上按F5功能鍵），執行本支程式。如果沒有任何語法錯誤，就會自行切換到「Python Shell」視窗，秀出程式的執行結果。以這個例子來說，會出現「Hello World!」，並自動換行，回到Python互動交談模式互動式的「>>>」提示字元。

```
Hello World!
```

　　底下範例程式是剛才輸入的hello.py，為了方便為各位解說各行程式碼的功能，前面筆者加入了行號，在實際輸入程式時，請不要將行號輸入到程式中。

[範例程式：**hello.py**]我的第一支**Python**程式

```
01    #我寫的程式
02    print（"Hello World!"）
```

【程式碼解說】

● 第1行：是Python的單行註解格式。當程式碼解譯時，直譯器會忽略它。
● 第2行：內建print()函數會將內容輸出於螢幕上，輸出的字串可以使用單「'」或雙引號「"」來括住其內容，印出字串後會自動換行。

國家圖書館出版品預行編目資料

ChatGPT懶人包：輕鬆上手AI聊天機器人／陳
德來著. ——初版.——臺北市：五南圖書
出版股份有限公司, 2023.08
面；　公分
ISBN 978-626-366-365-7（平裝）

1.CST: 人工智慧　2.CST: 機器學習

312.83　　　　　　　　　　112011860

5R67

ChatGPT懶人包：
輕鬆上手AI聊天機器人

策　　　劃 — 數位新知（526）

作　　　者 — 陳德來

發 行 人 — 楊榮川

總 經 理 — 楊士清

總 編 輯 — 楊秀麗

副總編輯 — 王正華

責任編輯 — 金明芬

封面設計 — 陳亭瑋

出 版 者 — 五南圖書出版股份有限公司

地　　　址：106台北市大安區和平東路二段339號4樓

電　　　話：(02)2705-5066　　傳　　真：(02)2706-6100

網　　　址：https://www.wunan.com.tw

電子郵件：wunan@wunan.com.tw

劃撥帳號：01068953

戶　　　名：五南圖書出版股份有限公司

法律顧問　林勝安律師

出版日期　2023年8月初版一刷

定　　　價　新臺幣450元

經典永恆・名著常在

五十週年的獻禮——經典名著文庫

五南，五十年了，半個世紀，人生旅程的一大半，走過來了。

思索著，邁向百年的未來歷程，能為知識界、文化學術界作些什麼？

在速食文化的生態下，有什麼值得讓人雋永品味的？

歷代經典・當今名著，經過時間的洗禮，千錘百鍊，流傳至今，光芒耀人；

不僅使我們能領悟前人的智慧，同時也增深加廣我們思考的深度與視野。

我們決心投入巨資，有計畫的系統梳選，成立「經典名著文庫」，

希望收入古今中外思想性的、充滿睿智與獨見的經典、名著。

這是一項理想性的、永續性的巨大出版工程。

不在意讀者的眾寡，只考慮它的學術價值，力求完整展現先哲思想的軌跡；

為知識界開啟一片智慧之窗，營造一座百花綻放的世界文明公園，

任君遨遊、取菁吸蜜、嘉惠學子！